Mathematik

Gymnasiale Oberstufe

Berlin

Einführungsphase

Lösungen

Herausgegeben von

Dr. Anton Bigalke   Dr. Norbert Köhler

Erarbeitet von

Dr. Anton Bigalke
Dr. Norbert Köhler
Dr. Horst Kuschnerow
Dr. Gabriele Ledworuski

unter Mitarbeit der Verlagsredaktion

Cornelsen

Umschlagfoto: Peter Hartmann, Potsdam

In den Marginalien wird die Seitennummer der Aufgabenstellung im Lehrbuch angezeigt. **Beispiel:** 11

Unter **www.cornelsen.de/bigalke-koehler** finden Sie Material, das die dem Buch beiliegende CD ergänzt. Die Buchkennung lautet: MBK040000. Im Passwort-geschützten Lehrerbereich liegen z. B. die Lösungen zu den Arbeitsblättern zum Download bereit: Einfach „Lehrer-Inhalte einblenden" anklicken und dann per Kundennummer als Lehrer identifizieren.

www.cornelsen.de

1. Auflage, 4. Druck 2023

Alle Drucke dieser Auflage sind inhaltlich unverändert und können im Unterricht nebeneinander verwendet werden.

Druck: Esser printSolutions GmbH, Bretten

ISBN 978-3-06-040006-5

PEFC
PEFC/04-31-2851

PEFC-zertifiziert
Dieses Produkt stammt aus nachhaltig bewirtschafteten Wäldern und kontrollierten Quellen
www.pefc.de

Inhalt

I. Beschreibende Statistik

10 1. Individuelle Aufgabenstellung

11 2. a) quantitativ, stetig b) Qualitativ, nominal c) qualitativ, nominal
d) quantitativ, stetig e) quantitativ, stetig f) qualitativ, ordinal
g) quantitativ, diskret h) qualitatv, nominal i) qualitativ, nominal
j) qualitativ, ordinal

12 3. a)

Rot:	32	13,3 %
Orange:	54	22,4
Gelb:	28	11,6 %
Grün:	63	26,1 %
Blau:	45	18,7 %
Violett:	19	7,9 %
Summe:	241	100 %

b) In unserem Beispiel ist die Klasse vom Verstand (56,4 %) geprägt.

13 4. a)

CDU/CSU:	38,5 %
FDP:	7,3 %
Grüne:	8,5 %
SPD:	38,5 %
PDS:	4,0 %
Sonst.:	3,1 %

b)

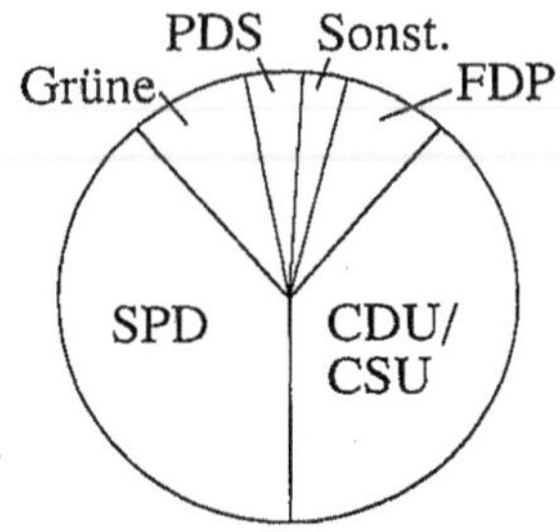

c) Vorteil des Kreisdiagramms:
Die Kräfteverhältnisse im Parlament (Koalition/Opposition) wird verdeutlicht.

14 5.

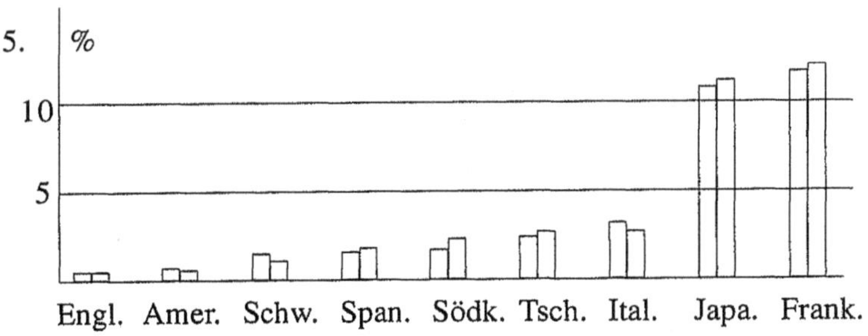

6. Fast immer war die CDU/CSU die stärkere Partei (Ausnahmen: 1972, 1998). Sie erreichte 1957 die absolute Mehrheit, 1976 und 1983 fast die absolute Mehrheit.
Die SPD hatte von 1953 bis 1972 einen Aufwärtstrend, verlor aber anschließend immer weiter bis zum Tiefststand im Jahre 1990.
Die FDP hat über die Jahre einen weitgehend stabilen Wähleranteil von knapp 10 %.
Seit die Grünen sich 1980 als Partei etablierten, ist ihr Stimmenanteil (Ausnahme 1990) gewachsen, seit 1994 haben sie die FDP als drittstärkste Partei abgelöst.
Der Wähleranteil der PDS liegt bundesweit seit 1990 um die 5 %.

7. a) 14, 18, 18, 19, 20, 21, 22, 23, 25, 25, 26, 28, 28, 29, 32, 33, 35, 36, 38, 40, 42, 43, 48, 52, 55, 60, 73, 91 17

b)

1	4 8 8 9
2	0 1 2 3 5 5 6 8 8 9
3	2 3 5 - 6 8
4	0 2 3 8
5	2 5
6	0
7	3
8	
9	1

c) Die größte Häufigkeit tritt in der Ausgabenklasse 20-29 auf.

d) Durchschnittsausgabe: 35,50 Euro (im Diagramm - Zeichen)

e) 17 Daten liegen unter dem Durchscnittswert und 11 darüber.

8.

a)	b)	c)
60-69	III	6,3 %
70-79	𝍸	10,4 %
80-89	𝍸 IIII	18,8 %
90-99	𝍸 𝍸 IIII	29,2 %
100-109	𝍸 I	12,5 %
110-119	𝍸 II	14,6 %
120-129	II	4,2 %
130-139	II	4,2 %

d) Diagramm:

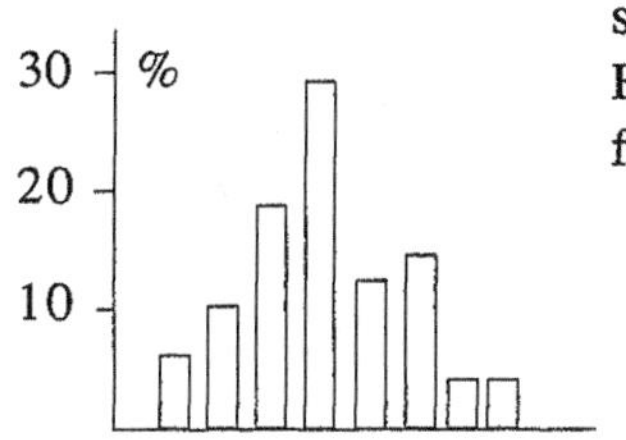

e) Durchschnittliche Herzfrequenz: 95,2

9.

Alter:	quantitativ, diskret	Atemvolumen:	quantitativ, stetig
Größe:	quantitativ, stetig	Monatseinkommen:	quanitativ, stetig
Blutdruck:	quantitativ, diskret	Pulsfrequenz:	quanitativ, diskret
Geschlecht:	qualitativ, nominal	Schuhgröße:	quanitativ, diskret
Blutgruppe:	qualitativ, nominal	Wohnfläche:	quanitativ, diskret
Zensur:	qualitativ, ordinal	Handelsklasse:	qualitativ, nominal
Erkrankungsgrad:	qualitativ, nominal	Nationalität:	qualitativ, nominal
Steuerklasse:	qualitativ, nominal	Tabellenplatz:	qualitativ, ordinal
Geschwisterzahl:	quantitativ, diskret	Erdbebenstärke:	quanitativ, stetig
Religion:	qualitativ, nominal	Studiendauer:	quanitativ, diskret

18

10. a) b)

	Hans			Peter		
80-89	I	(1)	5,3 %		(-)	0,0 %
90-99		(-)	0,0 %	II	(2)	13,3 %
100-109	II	(2)	10,5 %	II	(2)	13,3 %
110-119	III	(3)	15,8 %	IIII	(4)	26,7 %
120-129	IIII	(4)	21,1 %	II	(2)	13,3 %
130-139	IIII	(4)	21,1 %	II	(2)	13,3 %
140-149	III	(3)	15,8 %	II	(2)	13,3 %
150-159	II	(2)	10,5 %	I	(1)	6,7 %

Die Reaktionsfähigkeit von Peter ist besser als die von Hans.

c) Durchschnittliche Reaktionszeit: Hans: ca 127 ms ; Peter: ca 122 ms

18 11.

Gruppe A	
Dauer	rel. Häufigkeit (%)
3	8
4	30
5	32
6	16
7	10
8	4

Gruppe B		
Dauer	abs. Häufigkeit	rel. Häufigkeit (%)
2	1	3,3
3	2	6,7
4	2	6,7
5	3	10
6	11	36,6
7	7	23,3
8	4	13,3

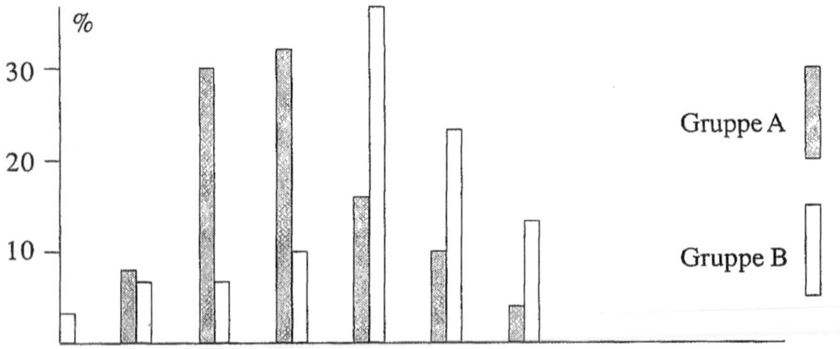

12. a) b)

Zeit	Strichliste	abs. Häufigkeit
0-4	II	2
5-9	~~IIII~~	5
10-14	IIII	4
15-19	~~IIII~~ I	6
20-24	~~IIII~~	5
25-29	III	3
30-34	II	2
35-39	I	1
40-44	II	2

c)

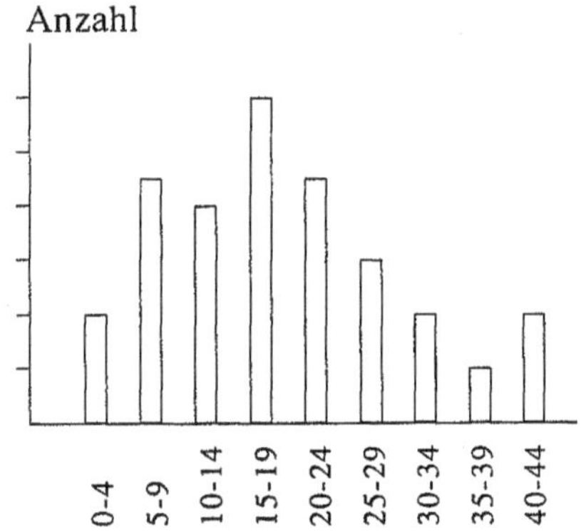

d) Das Häufigkeitsmaximum liegt in der Klasse 15-19 Mi. Schulwegsdauer.

e) Durchschnittliche Schulwegsdauer: 19,4 Minuten, oder ca. 20 Minuten.

19 13. a) 23,3% der Jungen und 22,2 % der Mädchen sprangen 3,00-3,19 m weit.

b) 83,3 % der Mädchen sprangen mindestens 2,80 m weit.

c) Mehr als 40 % der Jungen sprangen 3,20 m oder weiter.

d)

14. a) Datensatz A

1	0 5 6 7 8 9
2	2 3 3 3 4 6 6 9
3	3 7 7 7

Datensatz B

33	2 5
34	3 6 9 9
35	1 2 2 4 5

b) Das Stamm-Blatt-Diagramm ähnelt dem Balkendiagramm. Ein besonderer Vorteil ist, dass alle Daten der Urliste erhalten bleiben.

c) Stamm-Blatt-Diagramme sind nicht geeignet bei qualitativ, nominalen Daten, großen Datenmengen.

15. a)

Filiale A		Filiale B	
0	25	0	35
1	28	1	18 23
2	14 55 57	2	15 17 53 58
3	01 15 31 42	3	12 15 37
4	05 09 12 25 36 41	4	17 21
5	12 18 36 45 50	5	30
6	05 09 24	6	01 08
7	17 35	7	12 52
8	12	8	00 10 25 31 47
9		9	12 27 28
10	11	10	18 45
11		11	
12		12	10

b) A: Häufung der Internetarbeiten bei 3-5 Stunden, 1 Maximum 19
B:2 Häufungen: bei 2 Stunden und bei 8 Stunden
c) Prozentsatz der Arbeitsplätze mit mehr als 6 Stunden Internetnutzung:
A: 25,9 % , B: 53,6 %
d) Die Außendienstmitarbeiter in Filiale B beeinflussen die Internet-Zeiten.

2. Mittelwerte

1. a) 21

Anzahl der beantw. Fragen	rel. Häufigk. (%)
0	14,3
1	14,3
2	23,8
3	19,0
4	19,0
5	9,5

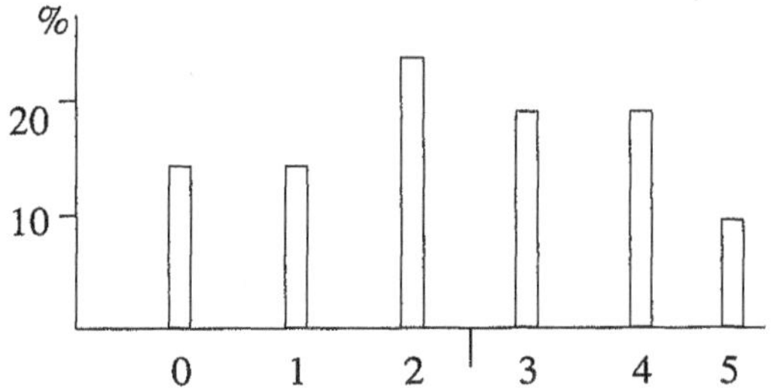

b) Arithmetisches Mittel: 2,43

2. a) Mittelwert: 56,34 22

b)

Klassen	Anzahl
52,0-52,9	1
53,0-53,9	/
54,0-54,9	4
55,0-55,9	5
56,0-56,9	3
57,0-57,9	5
58,0-58,9	2
59,0-59,9	2

Mittelwert der klassierten Daten: 56,4

c)

Klassen	Anzahl
52,0-55,9	10
56,0-59,9	12

Mittelwert der klassierten Daten: 56,2

3. a) Mittelwert: 15 , Median: 15 , Modus: 15 25
b) Mittelwert: 151 , Median: 152 , Modus: 156
c) Mittelwert: / , Median: / , Modus: CSU

25 4. a) Sony: Median: 120,5 , arithmet. Mittel: 121,36 , Modus: 118
Philipps: Median: 192,5 , arithmet. Mittel: 217,08 , Modus: 288
Apple: Median: 285 , arithmet. Mittel: 299 , Modus: 285
b) Besonders geeignet ist: Sony: arithmet. Mittel , Philipps: Median , Apple: Modus
c) Unterschiedliche Fabrikate heben unterschiedliche Ausstattungsmerkmale, sodass die Preise nicht vergleichbar sind.

5. Arithmetisches Mittel: 1. Verteilung: 1,67 , 2. Verteilung: 1,62

6. Verbrauch im Februar: 2820 m^3 Erdgas.

7. Angenommen, Donalds Hotel liegt in einer Entfernung x zum KaDeWe zwischen den Punkten

		A und B	B und C	C und D
Wegstrecken nach	A:	x	x	x
	B:	0,1 – x	x – 0,1	x – 0,1
	C	0,6 – x	0,6 – x	x – 0,6
	D	1,7 – x	1,7 – x	1,7 – x
7. Gesamtweg:		2,4 – x	2,2	1 + 2x
		> 2,2, da 0 < x < 0,1	unabh. von x	> 2,2, da x > 0,6

Resultat: Der Gesamtweg ist am kürzesten, wenn Donalds Hotel irgendwo zwischen den Punkten B und C liegt.

3. Streuungswerte

28 1. a) Arithmetisches Mittel: $\overline{x} = 6{,}7$, Standardabweichung: $\overline{s} = 2{,}49$
b) Arithmetisches Mittel: $\overline{x} = 49$, Standardabweichung: $\overline{s} = 9{,}05$
c) Arithmetisches Mittel: $\overline{x} = 2{,}96$, Standardabweichung: $\overline{s} = 1{,}21$

2. a)

	1. Diagramm	2. Diagramm
Arithmetisches Mittel	4	4,5
Median	4	5
Standardabweichung	1,52	1,86

b) Die Spieler des SV Königsjäger sind insgesamt spielstärker als die Spieler des SC Tarrasch 45. Das ist erkennbar am größeren arithmetischen Mittel bzw. im Diagramm an der Anzahl der Spieler mit höheren Punktzahlen.
c) 1. Diagramm: 35 % weichen um mehr als $\overline{s}$ von $\overline{x}$ ab.
2. Diagramm: 25 %

3. a) Durchschnittliche Sprungweiten: Heike Drechsler: 6,82
Marion Jones: 6,69
b) Standardabweichungen: Heike Drechsler: 0,04
Marion Jones: 0,24
c) Marion Jones hat die größte Sprungweite erreicht (6,97 m).
Heike Drechsler ist stabiler in ihrer Leistung.

4. Arithmetisches Mittel: Anlage A: 1000 28
Anlage B: 998
Standardabweichung: Anlage A: 7,71
Anlage B: 2,62

Anlage A: Der Sollwert entspricht dem arithmetischen Mittel, die Standardabweichung ist aber groß.

Anlage B. Der Sollwert liegt höher als das arithmetische Mittel, die Standardabweichung ist gering.

5. a) 29

Differenz	vor Justierung (%)	nach Justierung (%)
−2	12,5	10
−1	0	20
0	12,5	41,3
1	37,5	20
2	25	6
3	12,5	2,7

b) Arithmetisches Mittel der Schraubenanzahl:
vor Justierung: 1001
nach Justier.: 1000

c) Die Justierung war erfolgreich. Vor der Justierung war im Durchschnitt eine Schraube zuviel in jeder Packung, nach der Justierung stimmen arithmetisches Mittel und Sollwert überein.
Die Abweichungen vom Sollwert sind im Durchschnitt ebenfalls geringer geworden.

6. a) Arithmetisches Mittel: Gruppe A: 11,21 Gruppe B: 12
Etwa 70 % der Daten liegen im Intervall: 8 ... 14 Gruppe A , 8 ... 16 Gruppe B
b) Spitzenergebnisse: A: 30 (von 200) Personen: 15 %
B: 38 (v0n 140) Personen: 27,1 %
schwache Ergebnisse: A: 15 (von 200) Personen: 7,5 %
B: 12 (v0n 140) Personen: 8,6 %
c) Mehr als 10 Wörter wiederholt: A: 132 (von 200) Personen: 66 %
B: 94 (von 140) Personen: 67,1 %
d) Von beiden Gruppen bestehen ca. 43 der Kandidaten den Test.
Gruppe B hat deutlich mehr Spitzenergebnisse.

7. Arithmetisches Mittel (Niederschläge): 1848: 49,5
1849: 35,9
1988: 49,75
1989: 37,7

Arithmetisches Mittel (Temperatur): 1702: 6,28
1703: 7,39
1991: 9,53
1992: 10,48

Bei den Niederschlagsmessungen sind keine Veränderungen ablesbar,
die Jahresdurchschnittstemperatur ist signifikant um ca. 3° C gestiegen.

4. Exkurs: Boxplots

32 1. a) Die Daten werden sortiert, dann in die Perzentilklassen eingeordnet.
Anschließend werden die Perzentile bestimmt und der Boxplot gezeichnet.

11a:
5 %: 8
20 %: 12 24 24 27
25 %: 33 33 34 35 36
25 %: 44 45 47 47 49
20 %: 51 52 52 56
5 %: 58

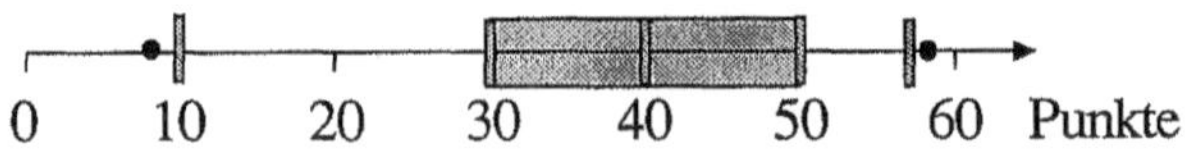

Die Perzentile liegen bei 10; 30; 40; 50 und 57.

11b:
5 %: 2 7
20 %: 23 28 29 32 35 35 36 37
25 %: 37 37 38 38 38 39 39 40 41 42
25 %: 43 43 43 43 43 44 44 44 44 45
20 %: 45 46 46 47 48 48 49 52
5 %: 54 55

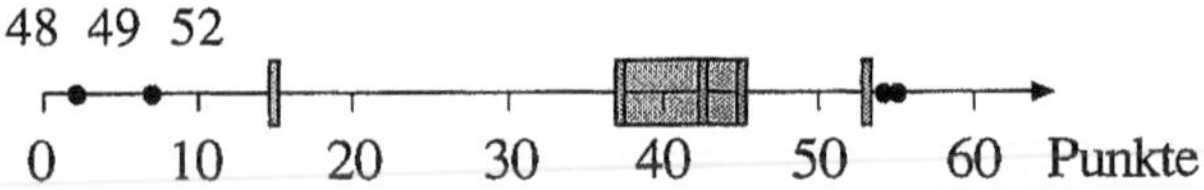

Die Perzentile liegen bei 15; 37; 42,5; 45 und 53.

2. **Die Aufgabe wurde ab der 1. Auflage, Druck 2 berichtigt.**
Gruppe 1 besteht nunmehr nur aus 20 Personen mit folgender Urliste:
11, 8, 9, 4, 10, 8, 9, 7 10, 6, 11, 8, 7, 10, 9, 6, 11, 8, 7, 10

5 %: 4
20 %: 6 6 7 7
25 %: 7 8 8 8 8
25 %: 9 9 9 10 10
20 %: 10 10 11 11
5 %: 11

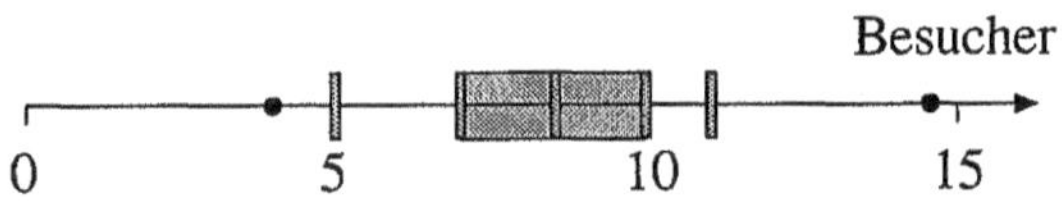

Die Perzentile liegen bei 5; 7; 8,5; 10 und 11.

Das arithmetische Mittel lautet: $\overline{z} = 8,45$.

Gruppe 2:
Die Perzentile liegen bei 3,5; 6; 9,5; 15 und 20,5.

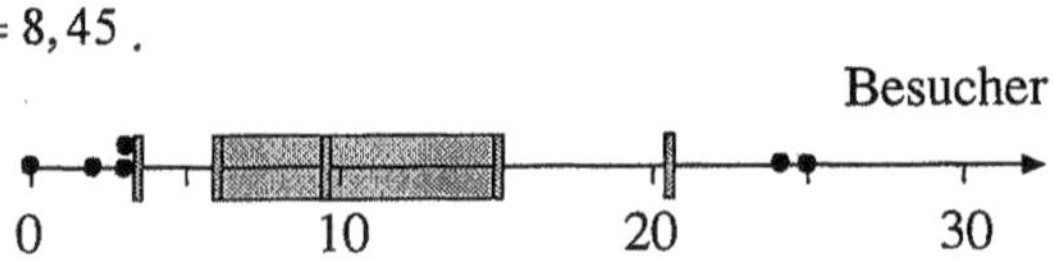

Das arithmetische Mittel lautet: $\overline{z} = 10,76$.

Vergleich der Gruppen:
Gruppe 2 besuchte den Zahnarzt im Mittel häufiger. Sie weist außerdem eine breite Streuung auf, ist insofern also inhomogener.

3. Aus den Diagrammen läßt sich der Median $\tilde{z}$ bestimmen.
A: $\tilde{z} = 6$; B: $\tilde{z} = 4$; C: $\tilde{z} = 3$; D: $\tilde{z} = 4$
Hieraus folgen die Zuordnungen $A \leftrightarrow III$ und $C \leftrightarrow II$. Aus der breiten Streuung von egibt sich die Zuordnung $D \leftrightarrow I$, womit nur noch $B \leftrightarrow IV$ übrig bleibt.

Test

1. a) Kopfumfang: quantitativ, stetig b) Chemiezensur: qualitativ, ordinal 36
   c) Augenfarbe: qualitativ, nominal d) Taschengeldhöhe: quantitativ, diskret
   e) Geschlecht: qualitativ, nominal f) Geschwisterzahl: quantitativ, diskret

2.

Punkte	Gruppe A (%)	Gruppe B (%)
0	10	6
1	15	14
2	25	18
3	30	26
4	10	18
5	5	10
6	5	8
arith. Mittel:	2,5	2,98

   Gruppe B schnitt besser ab.

3. a) 60 Haushalte waren beteiligt.
   b) Mehr als 2 Tiere: in 35 Haushalten
   Weniger als 4 Tiere: in 45 Haushalten
   c) Durchschnittliche Anzahl von Tieren: 2,5
   d) Standardabweichung: 1,26
   e) Median: 3

4. a) Arithmetisches Mittel: 20
   Median: 15,5
   b) Der Median ist besser geeignet, da 2 Ausreißer (50 , 82) das arithmetische Mittel beeinflussen.
   c) 54 Geräte wurden zusätzlich angeschafft.

5. a) 36 Mieter verbrauchen 10 oder mehr m^3.
   b) Angenäherter durchschnittlicher Verbrauch: 11 m^3.
   c) Da nur klassierte Daten bekannt sind, kann der Gesamtverbrauch nicht exakt berechnet werden.
   Maximaler Verbrauch: 810 m^3 (von jeder Klasse den Maximalwert verwenden)

II. Wahrscheinlichkeitsrechnung
1. Zufallsversuche und Ereignisse

38 1. Individuelle Aufgabenstellung
Man kann berechnen, dass bei 36 Spielen im Durchschnitt 15-mal Hans und 14-mal Peter einen Punkt erhält. 7-mal erhält keiner einen Punkt.
Das Spiel ist also fast fair mit leichtem Vorteil für Hans.

39 2. a) Der Ausgang des Experimentes ist nicht vorhersagbar.
b) $\Omega = \{0;1;2;\ldots;8;9\}$ c) $E = \{0;2;4;6;8\}$
d) E_1: ungerade Ziffer; E_2: Vielfaches von 3; E_3: Primzahl

40 3. $E_1 = \{1,2,\ldots,17,18\}$, $E_2 = \{2,4,6,8,10,11,13,15,17,20,22,24,26,28,29,31,33,35\}$
$E_1 \cup E_2 = \{1,\ldots,18,20,22,24,26,28,29,31,33,35\}$

4. $E_1 = \{1,2\}$, $E_2 = \{1,3,5\}$, $\Omega = \{1,2,3,4,5,6\}$, $E_1 \cup E_2 = \{1,2,3,5\}$

41 5. $E_1 = \{9,18,27,36,45\}$, $E_2 = \{12,24,36,48\}$
$E_3 = \{23,46\}$
$E_1 \cap E_2 = \{36\}$, $E_1 \cup E_2 = \{9,12,18,24,27,36,45,48\}$
$E_2 \cap E_3 = \varnothing$
$E_1 \cup E_2 \cup E_3 = \{9,12,18,23,24,27,36,45,46,48\}$

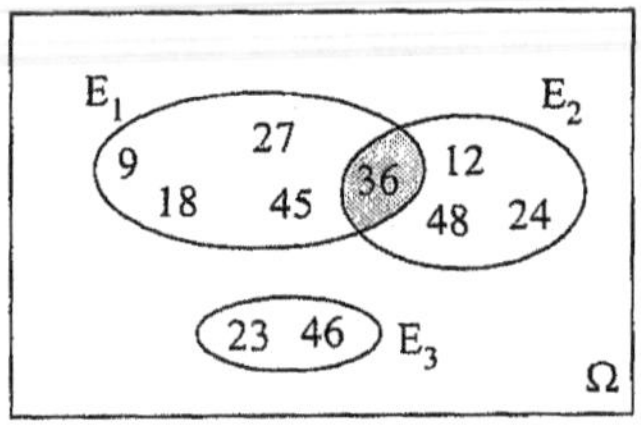

6. $E_1 = \{1,3,5,7,9,12,14,16,18,19,21,23,25,27,30,32,34,36\}$, $\Omega = \{1,2,\ldots,36\}$
$E_2 = \{2,4,6,8,10,12,14,16,18,20,22,24,26,28,30,32,34,36\}$
$E_3 = \{25,26,27,28,29,30,31,32,33,34,35,36\}$
$E_1 \cap E_2 = \{12,14,16,18,30,32,34,36\}$
$E_1 \cup E_2 = \{1,2,3,4,5,6,7,8,9,10,12,14,16,18,19,20,21,22,23,24,25,26,27,28,30,32,34,36\}$
$E_2 \cap E_3 = \{26,28,30,32,34,36\}$
$E_1 \cap E_2 \cap E_3 = \{30,32,34,36\}$
$E_1 \cup E_2 \cup E_3 = \{1,2,3,4,5,6,7,8,9,10,12,14,16,18,19,20,21,22,23,24,25,\ldots,36\}$

2. Relative Häufigkeit und Wahrscheinlichkeit

1. a) $E_1 = \{(1,6);(2,5);(3,4);(4,3);(5,2);(6,1)\}$ 44

   $E_2 = \{(1,1);(1,2);(1,3);(2,1);(2,2);(2,3);(3,1);(3,2);(3,3)\}$

   b) $E_1 \cap E_2 = \varnothing$

   c) $P(G) = P(E_1 \cup E_2) = P(E_1) + P(E_2) = \frac{6}{48} + \frac{9}{48} = \frac{15}{48} = \frac{5}{16} = 0{,}3125$

   d) Das Spiel ist ungünstig, da man bei 48 Spielen im Durchschnitt 15-mal gewinnt. Bilanz: $15 \cdot 2 - 48 \cdot 1 = -18$ €

2. E_1: Zahl ist durch 7 teilbar; E_2: Zahl ist durch 9 teilbar

   $E_1 = \{7, 14, ..., 196\}$ (28 Zahlen), $E_2 = \{9, 18, ..., 198\}$ (22 Zahlen)

   $E_1 \cap E_2 = \{63, 126, 189\}$

   $P(E_1 \cap E_2) = P(E_1) + P(E_2) - P(E_1 \cap E_2) = \frac{28}{200} + \frac{22}{200} - \frac{3}{200} = \frac{47}{200} = 0{,}235$

3. a) $\Omega = \{(1,1), ..., (6,6)\}$ (36 Elemente)

   $E_1 = \{(1,2), (1,4), (1,6), (2,1), ..., (6,5)\}$ (18 Elemente)

   $E_2 = \{(1,1), (2,2), ..., (6,6)\}$ (6 Elemente)

   b) Bei allen Elementen aus E_2 ist die Augensumme gerade.

   c) Verlustwahrscheinlichkeit: $\frac{24}{36} = \frac{2}{3} \approx 0{,}667$

   d) Da eins von 3 Spielen im Durchschnitt gewonnen wird, muss der Einsatz mindestens 1 Euro sein um die Kosten der Auszahlung zu decken.

4. $P("1") = \frac{5}{9}$, $P("2") = \frac{3}{9}$, $P("3") = \frac{1}{9}$ 47

   Erwartete Auszahlung pro Spiel:

   $0€ \cdot \frac{5}{9} + 2€ \cdot \frac{3}{9} + 5€ \cdot \frac{1}{9} = 1{,}22€ > 1€$ Einsatz $\Rightarrow$ Man gewinnt durchschnittlich 0,22 € pro Spiel.

   Das Spiel lohnt sich daher auf lange Sicht für den Spieler.

5. Der zu erwartende Spielgewinn ist:

   $P(3) \cdot 1€ + P(2) \cdot 0{,}5€ + P(1) \cdot 0€ = \frac{1}{6} \cdot 1€ + \frac{2}{6} \cdot 0{,}5€ + \frac{3}{6} \cdot 0€ = \frac{1}{3}€.$

   Der Einsatz muss höher als $\frac{1}{3}$ Euro sein, also mindestens 0,34 Euro betragen, damit der Automat die besseren Chancen hat.

6. $\Omega = \{(1,1);(1,2);(1,3);(1,4);(1,5);(1,6);(2,1);...;(5,6);(6,6)\}$, $|\Omega| = 36$ 48

   $G = \{(4,6);(5,5);(5,6);(6,4);(6,5);(6,6)\}$, $P(G) = \frac{1}{6}$

   Im Mittel gewinnt man 1 von 6 Spielen, das bedeutet 3 Euro Auszahlung bei 6 Euro Einsatz und einen durchschnittlicher Verlust von 0,5 Euro pro Spiel.
   Bei einem Einsatz von 0,5 Euro wäre das Spiel fair.

48 7. Von den 27 neuen Würfeln hat nur der in der Mitte liegende Würfel keine rote Fläche. Eine rote Fläche haben die 6 in der Mitte jeder Würfelseite liegenden neuen Würfel.
Zwei rote Flächen haben die 12 in der Mitte jeder Würfelkante liegenden neuen Würfel.
Drei rote Flächen haben die 8 Eckwürfel.
$P(E_1) = \frac{1}{27}$, $P(E_2) = \frac{12}{27}$, $P(E_3) = \frac{20}{27}$, $P(E_4) = \frac{19}{27}$

8. $\{(4,5);(4,6);(5,4);(5,5);(5,6);(6,4);(6,5);(6,6)\}$
$P(\text{Produkt} > 18) = \frac{8}{36} = \frac{2}{9}$

9. Nebenstehend sind die 18 Felder dargestellt, von denen aus die weiße Dame dem schwarzen König Schach bieten kann.
$P(\text{Schach}) = \frac{18}{62} = \frac{9}{31} \approx 29\%$

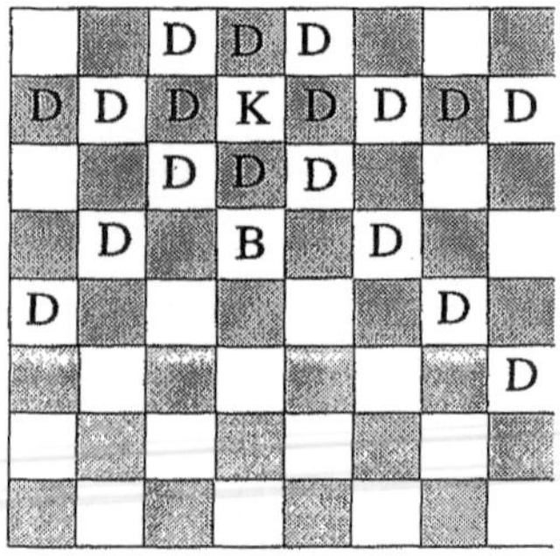

10. Ω : Wir betrachten alle Tripel, der Gestalt (x, y, z), mit paarweise verschiedenen x, y, z aus $\{B_1, B_2, R_1, R_2, R_3\}$. Für x gibt es 5 Möglichkeiten, für y 4 davon verschiede Möglichkeiten und für z sind es 3 verbleibende Möglichkeiten.
Also gibt es insgesamt $5 \cdot 4 \cdot 5 = 60$ Tripel (x, y, z), d.h. $|\Omega| = 60$.
E_1: E_1 besteht aus Tripeln mit 2 blauen und 1 roten Kugel.
Diese haben die Gestalt: (b, b, r) : 6 Möglichkeiten oder
(b, r, b) : 6 Möglichkeiten oder
(r, b, b) : 6 Möglichkeiten
Insgesamt sind es 18 Tripel, $|E_1| = 18$. Daher $P(E_1) = \frac{18}{60} = 0{,}15$.
E_2: E_2 besteht aus Tripeln mit 3 roten Kugel.
Diese haben die Gestalt: (r, r, r) : 6 Möglichkeiten, d aher $P(E_2) = \frac{6}{60} = 0{,}10$.
E_3: E_3 besteht aus Tripeln der Gestalt: (r, r, r) : 6 Möglichkeiten oder
(r, r, b) : 12 Möglichkeiten oder
(r, b, r) : 12 Möglichkeiten oder
(b, r, r) : 12 Möglichkeiten
Insgesamt sind es 42 Möglichkeiten. Daher $P(E_3) = \frac{42}{60} = 0{,}70$.

11. a) $P(2) = \frac{6}{36}$, $P(3) = \frac{7}{36}$, $P(4) = \frac{13}{36}$, $P(5) = \frac{7}{36}$, $P(6) = \frac{3}{36}$, also Summe 4
b) $P(\text{Summe} < 5) = P(2) + P(3) + P(4) = \frac{6}{36} + \frac{7}{36} + \frac{13}{36} = \frac{26}{36} = \frac{13}{18}$
c) $P(\text{Pasch}) = P(1+1) + P(2+2) + P(3+3) = \frac{6}{36} + \frac{2}{36} + \frac{3}{36} = \frac{11}{36}$

3. Mehrstufige Zufallsversuche/Baumdiagramme

1. $P(E_1) = \frac{1}{64} \approx 1{,}56\%$, $P(E_2) = \frac{1}{64} + \frac{27}{64} = \frac{7}{16} = 43{,}75\%$ 50

   $P(E_3) = \frac{3}{64} \approx 4{,}69\%$, $P(E_4) = \frac{27}{64} \approx 42{,}19\%$

   $P(E_5) = \frac{10}{64} \approx 15{,}63\%$

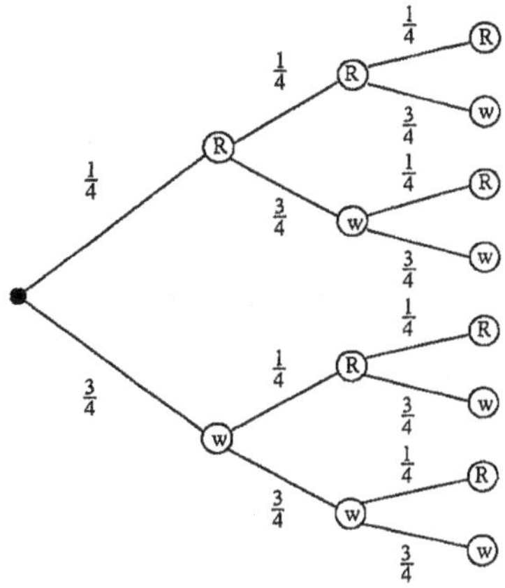

2. $P(5\text{Euro}) = \frac{1}{36}$, $P(2\text{Euro}) = \frac{1}{18}$ 51

   Durchschnittliche Auszahlung pro Spiel:

   $\frac{1}{36} \cdot 5 + \frac{1}{18} \cdot 2 = \frac{9}{36} = 0{,}25 < 0{,}5 \quad \Rightarrow$

   Man verliert durchschnittlich 0,25 Euro pro Spiel, so dass sich das Spiel für den Spieler nicht lohnt.

3. a) $P(\text{"unterschiedlich"}) = 6 \cdot \frac{1}{6} \cdot \frac{2}{6} \cdot \frac{3}{6} = \frac{1}{6}$

   b) $P(\text{"Summe} > 6\text{"}) = \frac{9+12+18+12+9+12+18+9+18+27}{216} = \frac{144}{216} \approx 66{,}7\%$

   c) $P(\text{"Summe} < 6\text{"}) = \frac{1+2+2+2+2}{1296} = \frac{9}{1296} \approx 0{,}7\%$

4. $P(\text{"Treffer"}) = 1 - P(\text{"kein Treffer"}) = 1 - (1-p)^2 = 0{,}25 \Rightarrow (1-p)^2 = 0{,}75$ 52

   $\Rightarrow \quad p = 1 - \sqrt{0{,}75} \approx 13{,}4\% \quad \Rightarrow \quad$ mindestens 13,4%

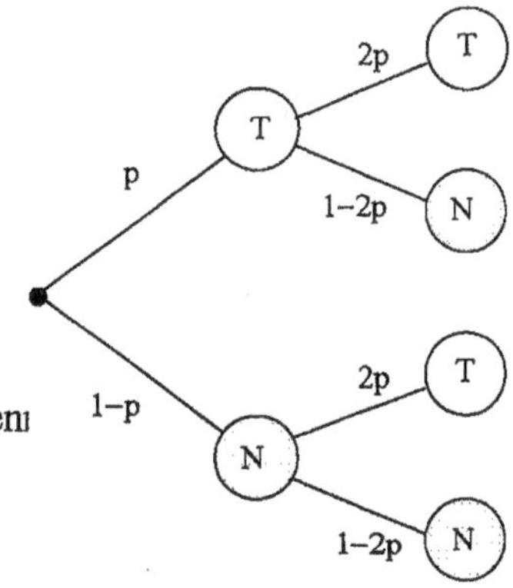

5. $P(\text{"Hase überlebt"}) = (1-p)(1-2p)$

   $= 2p^2 - 3p + 1 = 0{,}5$

   $p^2 - \frac{3}{2}p + \frac{1}{4} = 0$

   $p \approx 0{,}191 \quad (\text{bzw. } p \approx 1{,}31 > 1)$

   Der Hase überlebt mit mindestens 50 % Wahrscheinlichkeit, wenn die Trefferwahrscheinlichkeit von Peter unter ca. 0,191 liegt.

6. a) $P(RR) = \frac{2}{5} \cdot \frac{2}{5} = \frac{4}{25} = 0{,}16 = 16\%$ 53

   b) $\frac{4}{25} \cdot 5 + \frac{3 \cdot 3}{5 \cdot 5} \cdot 2 = 1{,}52$ durchschnittliche Auszahlung pro Spiel

   Bei einem Einsatz von 1,52 Euro ist das Spiel fair.

   c) P("mindestens einmal Rot") = 1 – P("kein Rot") = $1 - 0{,}6^n$

   $1 - 0{,}6^n \geq 0{,}95$, $0{,}6^n \leq 0{,}05$, $n \log 0{,}6 \leq \log 0{,}05$, $n \geq \frac{\log 0{,}05}{\log 0{,}6} \approx 5{,}86 \quad \Rightarrow \quad n \geq 6$

   Das Rad muss mindestens sechsmal gedreht werden.

53 7. a) P("3 verschiedenfarbige") $= 6 \cdot \frac{3 \cdot 4 \cdot 1}{8 \cdot 8 \cdot 8} \approx 0{,}14 = 14\%$ (mit Zurücklegen)

b) P("3 verschiedenfarbige") $= 6 \cdot \frac{1 \cdot 4 \cdot 3}{8 \cdot 7 \cdot 6} \approx 0{,}214\% = 21{,}4\%$ (ohne Zurücklegen)

c) P("blau ≥ 1") $= 1 -$ P("kein blau") $= 1 - (\frac{5}{8})^n$

$1 - (\frac{5}{8})^n \geq 0{,}8$, $(\frac{5}{8})^n \leq 0{,}2$, $n \geq \frac{\log 0{,}2}{\log 0{,}625} \approx 3{,}42$, $n \geq 4$

Man muss mindestens viermal ziehen.

54 8. a) $P(gr, gr, gr) = \frac{3}{12} \cdot \frac{2}{11} \cdot \frac{1}{10} = \frac{6}{1320} = \frac{1}{220} \approx 0{,}0045$

b) $P(3 \text{ gleichf.}) = P(ge, ge, ge) + P(bl, bl, bl) + P(gr, gr, gr)$

$$= \frac{4}{12} \cdot \frac{3}{11} \cdot \frac{2}{10} + \frac{5}{12} \cdot \frac{4}{11} \cdot \frac{3}{10} + \frac{3}{12} \cdot \frac{2}{11} \cdot \frac{1}{10} = \frac{24}{1320} + \frac{60}{1320} + \frac{6}{1320} = \frac{9}{132} = \frac{3}{44} \approx 0{,}0682$$

c)

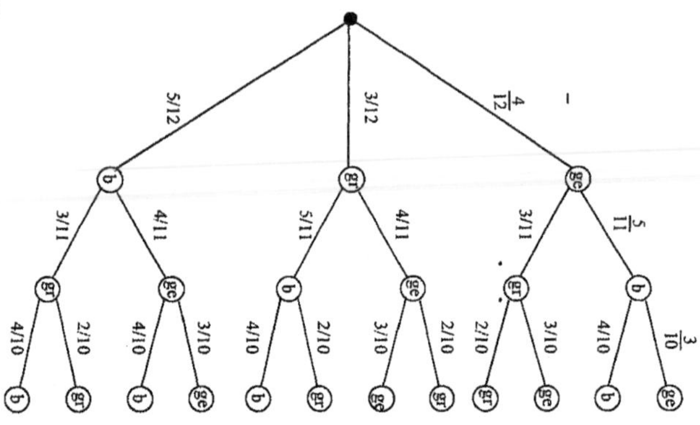

$\frac{5 \cdot 4 \cdot 3}{12 \cdot 11 \cdot 10} = \frac{60}{1320}$

$\frac{5 \cdot 4 \cdot 4}{12 \cdot 11 \cdot 10} = \frac{80}{1320}$

$\frac{4 \cdot 3 \cdot 3}{12 \cdot 11 \cdot 10} = \frac{36}{1320}$

$\frac{4 \cdot 3 \cdot 2}{12 \cdot 11 \cdot 10} = \frac{24}{1320}$

.
.
.
.

8. c) $P(\text{genau 2 Farben}) = P(ge, ge, bl) + P(bl, bl, ge) + P(gr, gr, ge) + P(ge, ge, gr)$

$+ P(ge, ge, bl) + P(bl, bl, gr) + P(ge, ge, bl)$

$$= \frac{4 \cdot 3 \cdot 5}{12 \cdot 11 \cdot 10} \cdot 3 + \frac{5 \cdot 4 \cdot 4}{12 \cdot 11 \cdot 10} \cdot 3 + \frac{3 \cdot 2 \cdot 4}{12 \cdot 11 \cdot 10} \cdot 3 + \frac{4 \cdot 3 \cdot 3}{12 \cdot 11 \cdot 10} \cdot 3 + \frac{5 \cdot 4 \cdot 3}{12 \cdot 11 \cdot 10} \cdot 3 + \frac{3 \cdot 2 \cdot 5}{12 \cdot 11 \cdot 10} \cdot 3$$

$$= \frac{870}{1320} \approx 0{,}659$$

9. $P(\text{min. 1 defekt}) = \frac{2}{5} \cdot \frac{1}{4} + \frac{2}{5} \cdot \frac{3}{4} + \frac{3}{5} \cdot \frac{2}{4} = \frac{14}{20} = 0{,}7$

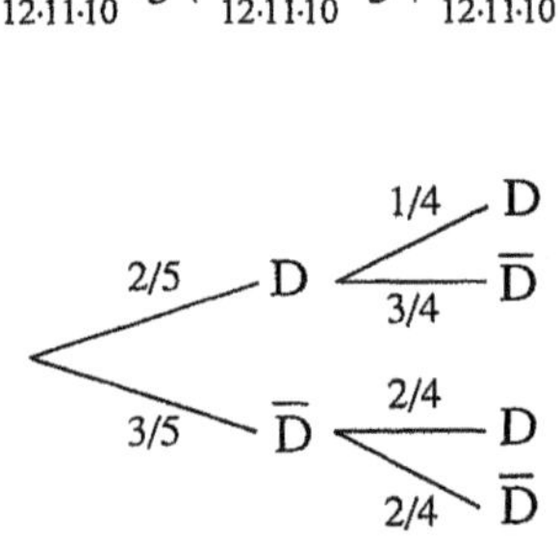

10.a) $P(2 \text{ Kons.}) = \frac{3}{6} \cdot \frac{2}{5} = \frac{6}{30} = \frac{1}{5}$

b) $P(2 \text{ gl. Buchst.}) = \frac{3}{6} \cdot \frac{2}{5} + \frac{2}{6} \cdot \frac{1}{5} = \frac{8}{30} = \frac{4}{15}$

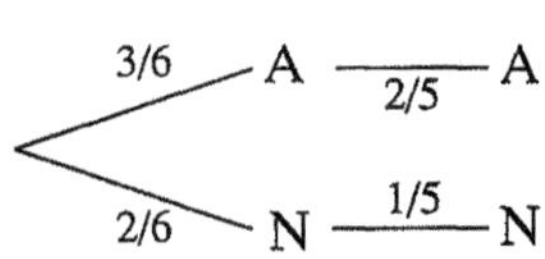

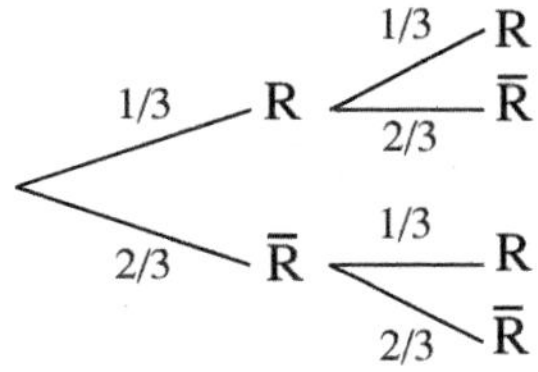

11. a) $P(2\,r) = \frac{1}{3} \cdot \frac{1}{3} = \frac{1}{9}$ 54

b) $P(\text{min.}\,1\,r) = \frac{1}{9} + \frac{2}{9} + \frac{2}{9} = \frac{5}{9}$

12. Wenn man wirft, bis zweimal hintereinander Kopf kommt und man nach vier Würfen fertig sein soll, muss beim 2. Wurf Zahl und im 3. und 4. Wurf Kopf kommen.

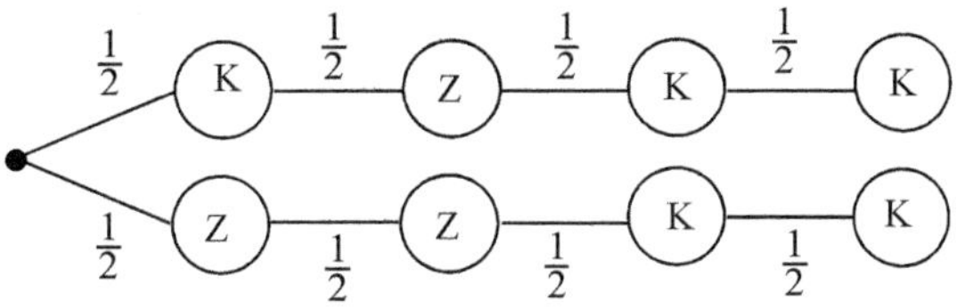

P(2-mal hintereinander Kopf bei exakt 4 Würfen) $= \frac{1}{16} + \frac{1}{16} = \frac{1}{8}$

13. a) $P(\text{"OTTO"}) = \frac{4}{7} \cdot \frac{3}{7} \cdot \frac{3}{7} \cdot \frac{4}{7} = \frac{144}{2401} \approx \mathbf{0{,}05998} \approx \mathbf{6\%}$

b) Man muss zweimal ein O und zweimal ein T ziehen.
Für die Reihenfolge gibt es 6 Möglichkeiten:
OTTO, OOTT, TOOT, OTOT, TOTO, TTOO

$P(\{O,T,T,O\}) = 6 \cdot \frac{144}{2401} \approx 0{,}36 = 36\%$

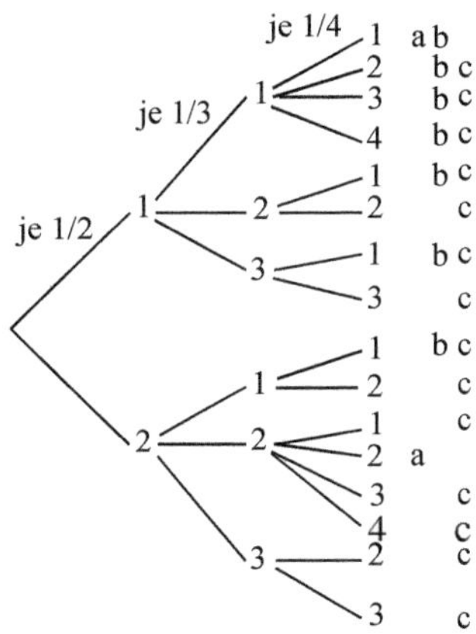

14. a) $P(\text{alle gleich}) = P(1,1,1) + P(2,2,2) = 2 \cdot \frac{1}{2} \cdot \frac{1}{3} \cdot \frac{1}{4} = \frac{1}{12}$

b) $P(\text{min. } 2-\text{mal } 1) = 7 \cdot \frac{1}{2} \cdot \frac{1}{3} \cdot \frac{1}{4} = \frac{7}{24}$

c) $P(\text{genau 2gleiche}) = 14 \cdot \frac{1}{2} \cdot \frac{1}{3} \cdot \frac{1}{4} = \frac{7}{12}$

15. a) P("schöner Mittwoch")
= 0,64 + 0,05 = 0,69 = 69 %

b) P("Freitag regnet es") 55
= 0,128 + 0,12 + 0,01 + 0,1125
= 0,3705 = 37,05 %

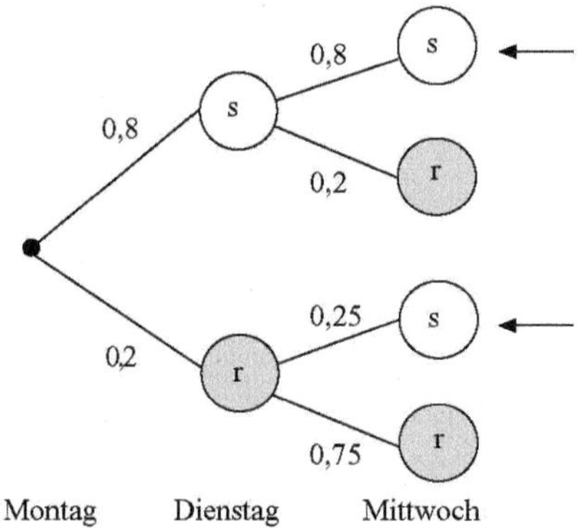

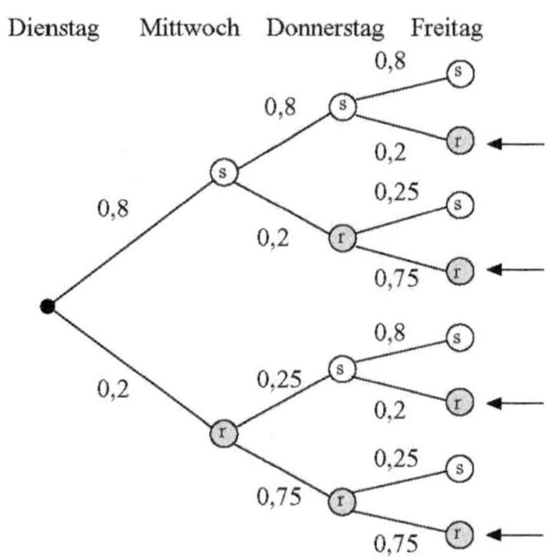

55 16. Die Gewinnchancen sind für alle Teilnehmer gleich.

17.a) $P(w,b) = 2 \cdot \frac{8}{20} \cdot \frac{2}{19} = \frac{8}{95} \approx 0{,}084$ b) $P(\text{2 gleiche}) = \frac{4\cdot3+8\cdot7+2\cdot1+6\cdot5}{20\cdot19} = \frac{100}{380} = \frac{5}{19} \approx 0{,}2632$

c) $P(\text{keine rot}) = \frac{16\cdot15}{20\cdot19} = \frac{240}{380} \approx 0{,}6316$

18. a) $P(\text{"7€ Gewinn"}) = \frac{1}{5} \cdot \frac{1}{5} \cdot \frac{3}{5} = \frac{3}{125} = 0{,}024 = 2{,}4\%$

$P(\text{"2€ Gewinn"}) = \frac{2}{5} \cdot \frac{1}{5} = \frac{2}{25} = 0{,}08 = 8\%$

b) Bei 125 Spielen erhält man im Mittel 3-mal 7 Euro und 10-mal 2 Euro also insgesamt 41 Euro bei einem Einsatz von 62,5 Euro.

Verlust: 21,5 Euro bzw. 0,328 Euro pro Spiel.

Bzw.: Wegen $7 \cdot 0{,}024 + 2 \cdot 0{,}08 = 0{,}328 < 0{,}5$ lohnt sich das Spiel nicht.

19. a) $P(\text{überlebt}) = 0{,}95 \cdot 0{,}95 \cdot 0{,}9 \cdot 0{,}9 \cdot 0{,}8 = 0{,}58482 \approx 58{,}5\%$

b) $P(\text{mindestens 2-mal}) = 1 - P(\text{höchstens 1-mal})$

$= 1 - (P(\text{kein Treffer}) + P(\text{nur } J_1 \text{ trifft}) + P(\text{nur } J_2 \text{ trifft}) + P(\text{nur } J_3 \text{ trifft}) + P(\text{nur } J_4 \text{ trifft}) + P(\text{nur } J_5 \text{ trifft})$

$= 1 - (0{,}95 \cdot 0{,}95 \cdot 0{,}9 \cdot 0{,}9 \cdot 0{,}8 + 0{,}05 \cdot 0{,}95 \cdot 0{,}9 \cdot 0{,}9 \cdot 0{,}8 + 0{,}95 \cdot 0{,}05 \cdot 0{,}9 \cdot 0{,}9 \cdot 0{,}8$

$+ 0{,}95 \cdot 0{,}95 \cdot 0{,}1 \cdot 0{,}9 \cdot 0{,}8 + 0{,}95 \cdot 0{,}95 \cdot 0{,}9 \cdot 0{,}1 \cdot 0{,}8 + 0{,}95 \cdot 0{,}95 \cdot 0{,}9 \cdot 0{,}9 \cdot 0{,}2)$

$= 0{,}077455$

20.

kleiner Würfel mit x roten Flächen, x =	0	1	2	3
Würfelanzahl	8	24	24	8

$P(\overline{r}) = \frac{8}{64} + \frac{1}{6} \cdot \frac{24}{64} = \frac{12}{64} = \frac{3}{16} = 0{,}1875 = 18{,}75\%$

56 21. $P(\text{gleiche Farbe}) = \frac{16}{32} \cdot \frac{15}{31} \cdot 2 = \frac{15}{31} \approx 0{,}4839$

$P(\text{versch. Farben}) = 1 - \frac{15}{31} = \frac{16}{31} \approx 0{,}5161$

Das Verfahren ist nicht gerecht, Simon ist im Nachteil.

22. a) $P(\text{"Peter gewinnt"}) = \frac{3}{5} = 0{,}6 = 60\%$ $P(\text{"Paul gewinnt"}) = \frac{2}{5} = 0{,}4 = 40\%$

b) $P(\text{"Peter gewinnt"}) = \frac{7}{10} = 0{,}7 = 70\%$ $P(\text{"Paul gewinnt"}) = \frac{3}{10} = 0{,}3 = 30\%$

23. a) $P(\text{an keinem Tag verpasst}) = 0{,}9^5 = 0{,}59049$

b) $P(\text{an 3 Tagen verpasst}) = 10 \cdot 0{,}1^3 \cdot 0{,}9^2 = 0{,}0081$

c) $P(\text{an 3 aufeinanderfolgenden Tagen nicht einmal verpasst}) = 3 \cdot 0{,}9^3 \cdot 0{,}1^2 = 0{,}02187$

24. P(keine 6 bei n Würfen) $= \left(\frac{5}{6}\right)^n$ 56

P(mindestens eine 6 bei n Würfen) $= 1 - \left(\frac{5}{6}\right)^n$

Bei 90 % Sicherheit muss mindestens 13mal werfen, denn:

$$1 - \left(\tfrac{5}{6}\right)^n \geq 0{,}9 \;\Leftrightarrow\; \left(\tfrac{5}{6}\right)^n \leq 0{,}1 \;\Leftrightarrow\; n \cdot \log\tfrac{5}{6} \leq \log 0{,}1$$

$$\Leftrightarrow\; n \geq \frac{\log 0{,}1}{\log\frac{5}{6}} \;\Leftrightarrow\; n \geq 12{,}63 \;\Leftrightarrow\; n \geq 13$$

25. Wir betrachten ein bestimmtes Moorhuhn, z.B. Moorhuhn 1. Es überlebt, wenn alle Jäger auf eines der 9 anderen Moorhühner schießen. Die Wahrscheinlichkeit dafür beträgt für jedes Moorhuhn 0,9.

Damit überlebt Moorhuhn 1 mit der Wahrscheinlichkeit $0{,}9^{10} \approx 0{,}3487$.
Von 10 Moorhühner überleben durchschnittlich somit ca. 3,5 Moorhühner.

26. a: Pasch, b: Augensumme unter 6, c: eine Zahl durch die andere teilbar 57

a: $P(\text{Pasch}) = P(1,1) + P(2,2) + P(3,3) = \frac{1}{2}\cdot\frac{1}{3} + \frac{1}{6}\cdot\frac{1}{6} + \frac{1}{6}\cdot\frac{1}{6} = \frac{8}{36}$

b:
$$\begin{aligned} P(\text{Summe unter } 6) &= P(1,1) + P(1,2) + P(1,3) + P(2,1) + P(2,2) \\ &\quad + P(2,3) + P(3,1) + P(3,2) + P(4,1) \\ &= \tfrac{3}{6}\cdot\tfrac{2}{6} + \tfrac{3}{6}\cdot\tfrac{1}{6} + \tfrac{3}{6}\cdot\tfrac{1}{6} + \tfrac{1}{6}\cdot\tfrac{2}{6} + \tfrac{1}{6}\cdot\tfrac{1}{6} + \tfrac{1}{6}\cdot\tfrac{1}{6} + \tfrac{1}{6}\cdot\tfrac{2}{6} + \tfrac{1}{6}\cdot\tfrac{1}{6} + \tfrac{1}{6}\cdot\tfrac{2}{6} = \tfrac{21}{36} \end{aligned}$$

c:
$$\begin{aligned} P(\text{eine Zahl Teiler der anderen}) &= P(1,1) + P(1,2) + P(1,3) + P(1,5) + P(1,6) \\ &\quad + P(2,1) + P(2,2) + P(2,6) \\ &\quad + P(3,1) + P(3,3) + P(3,6) + P(4,1) + P(4,2) \\ &= \tfrac{3}{6}\cdot\tfrac{2}{6} + \tfrac{3}{6}\cdot\tfrac{1}{6} + \tfrac{3}{6}\cdot\tfrac{1}{6} + \tfrac{3}{6}\cdot\tfrac{1}{6} + \tfrac{3}{6}\cdot\tfrac{1}{6} + \tfrac{1}{6}\cdot\tfrac{2}{6} + \tfrac{1}{6}\cdot\tfrac{1}{6} \\ &\quad + \tfrac{1}{6}\cdot\tfrac{1}{6} + \tfrac{1}{6}\cdot\tfrac{2}{6} + \tfrac{1}{6}\cdot\tfrac{1}{6} + \tfrac{1}{6}\cdot\tfrac{1}{6} + \tfrac{1}{6}\cdot\tfrac{2}{6} + \tfrac{1}{6}\cdot\tfrac{1}{6} = \tfrac{29}{36} \end{aligned}$$

$P(\text{Gewinn}) = \frac{8}{36}\cdot\frac{21}{36}\cdot\frac{29}{36} = 0{,}1044$

27. Die Chancen für Max und Moritz sollen gleich sein:

$p + (1-p)\cdot p = (1-p)^2$, $\quad p + p - p^2 = 1 - 2p + p^2$

$2p^2 - 4p + 1 = 0$, $\quad p^2 - 2p + 0{,}5 = 0$

$p = 1 - \sqrt{0{,}5} \approx 0{,}2929$

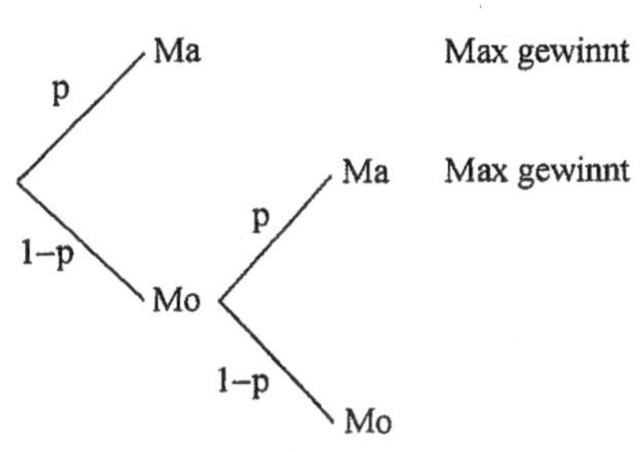

57 28. a) $P(\text{"weiße Kugel"}) = \frac{1}{3} \cdot \frac{3+4+5}{6} = \frac{2}{3} \approx 66{,}7\%$

b) Aufteilung: Urne 1: 1 weiße Kugel , Urne 2: wie Urne 1
Urne 3: 10 weiße und 6 schwarze Kugeln
$P(\text{"weiße Kugel"}) = \frac{1}{3} \cdot (1+1+\frac{10}{16}) = \frac{42}{48} = 0{,}875 = 87{,}5\%$

29. Peter erhält 10 Tüten, davon sind n mit Sand gefüllt und 10–n mit Brausepulver.
Paul erhält 15 Tüten, davon sind 7–n mit Sand gefüllt und 18–(10–n) = n + 8 mit Brausepulver.

A: Peter wählt eine Tüte aus und findet Sand: $P(A) = \frac{n}{10} \quad (0 \le n \le 7)$

B: Paul wählt eine Tüte aus und findet Sand: $P(B) = \frac{7-n}{15}$

$P(\text{Hans erhält Abreibung}) = \frac{n}{10} + \frac{7-n}{15} = \frac{n+14}{30}$
Die Wahrscheinlichkeit ist für n = 0 am kleinsten, ca. 0,4667.
Peter sollte also 10 Tüten mit Brausepulver erhalten, Paul 7 Tüten mit Brausepulver und 8 mit Sand gefüllt.

58 30. a) $\Omega = \{(1|1),(1|7),(1|9),(7|1),(7|7),(7|9),(9|1),(9|7),(9|9)\}$

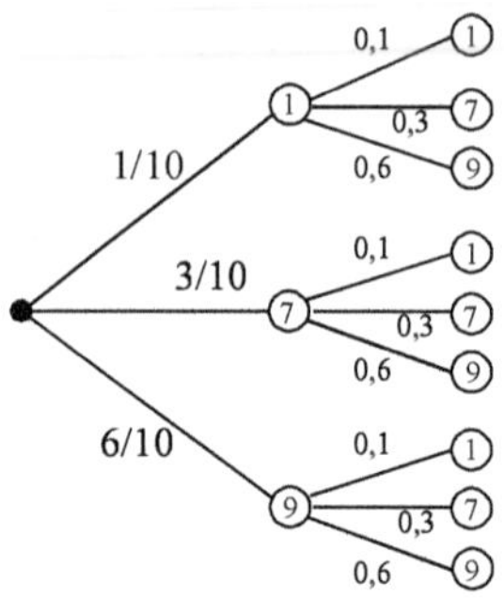

$P(1,1) = \frac{1}{10} \cdot \frac{1}{10} = \frac{1}{100}$
$P(1,7) = \frac{1}{10} \cdot \frac{3}{10} = \frac{3}{100}$
$P(1,9) = \frac{1}{10} \cdot \frac{6}{10} = \frac{6}{100}$
$P(7,1) = \frac{3}{10} \cdot \frac{1}{10} = \frac{3}{100}$
$P(7,7) = \frac{3}{10} \cdot \frac{3}{10} = \frac{9}{100}$
$P(7,9) = \frac{3}{10} \cdot \frac{6}{10} = \frac{18}{100}$
$P(9,1) = \frac{6}{10} \cdot \frac{1}{10} = \frac{6}{100}$
$P(9,7) = \frac{6}{10} \cdot \frac{3}{10} = \frac{18}{100}$
$P(9,9) = \frac{6}{10} \cdot \frac{6}{10} = \frac{36}{100}$

b) $A = \{(1|7),(1|9),(7|1),(7|7),(7|9),(9|7),(9|1),(9|9)\} = \Omega \setminus \{(1|1)\}$
$P(A) = 1 - \frac{1}{100} = \frac{99}{100} = 0{,}99$

$B = \{(1|7),(7|1),(7|9),(9|7)\}$, $P(B) = \frac{3}{100} + \frac{3}{100} + \frac{18}{100} + \frac{18}{100} + = \frac{42}{100} = 0{,}42$

$C = \{(1|1),(1|7),(7|1),(7|7)\}$, $P(C) = \frac{1}{100} + \frac{3}{100} + \frac{3}{100} + \frac{9}{100} + = \frac{16}{100} = 0{,}16$

$D = \{(1|7),(7|1))\}$, $P(D) = \frac{3}{100} + \frac{3}{100} = \frac{6}{100} = 0{,}06$

c) P(keine 7) = 0,7
P(keine 7 bei n Drehungen) = $0{,}7^n$
P(mindestens eine 7 bei n Drehungen)

$$= 1 - 0{,}7^n \ge 0{,}95 \Leftrightarrow 0{,}05 \ge 0{,}7^n \Leftrightarrow 8{,}4 \approx \frac{\log 0{,}05}{\log 0{,}7} \le n$$

Das Rad muss mindestens 9mal gedreht werden.

31. a) $A=\{(6|6|1),(6|6|2),(6|1|6),(6|2|6),(1|6|6),(2|6|6)\}$ 58

$P(A)=\frac{2}{6}\cdot\frac{2}{6}\cdot\frac{1}{6}\cdot 3+\frac{2}{6}\cdot\frac{2}{6}\cdot\frac{3}{6}\cdot 3=\frac{12}{216}+\frac{36}{216}=\frac{48}{216}=\frac{2}{9}\approx 0{,}2222$

$B=\{(\overline{6}|\overline{6}|6),(\overline{6}|6|\overline{6}),(6|\overline{6}|\overline{6}),(\overline{6}|\overline{6}|\overline{6})\}$

$P(B)=\frac{4}{6}\cdot\frac{4}{6}\cdot\frac{2}{6}\cdot 3+\frac{4}{6}\cdot\frac{4}{6}\cdot\frac{4}{6}=\frac{96}{216}+\frac{64}{216}=\frac{160}{216}=\frac{20}{27}\approx 0{,}7407$

$C=\Omega-\{(\overline{6}|\overline{6}|\overline{6})\}$, $P(C)=1-\frac{4}{6}\cdot\frac{4}{6}\cdot\frac{4}{6}=1-\frac{64}{216}=\frac{152}{216}=\frac{19}{27}\approx 0{,}7037$

$P(D)=1-P(A)=\frac{7}{9}\approx 0{,}7778$

$P(E)=P(\text{genau einmal }6)=\frac{4}{6}\cdot\frac{4}{6}\cdot\frac{2}{6}\cdot 3=\frac{96}{216}=\frac{4}{9}\approx 0{,}4444$

$F=\Omega-\{(6|6|6)\}$, $P(F)=1-\frac{2}{6}\cdot\frac{2}{6}\cdot\frac{2}{6}=\frac{208}{216}=\frac{26}{27}\approx 0{,}963$

b) $P(\text{Moritz gewinnt})=\frac{10}{36}$

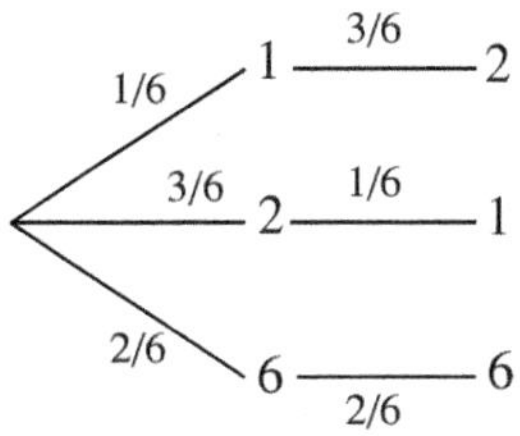

Bei 36 Spielen wird Moritz im Durchschnitt 10-mal gewinnen und 30 Euro Auszahlung erhalten.
Dem steht der Einsatz von 36 Euro entgegen.
Moritz macht also 6 Euro Verlust bei 36 Spielen, das macht einen durchschnittlichen Verlust von 0,17 Euro pro Spiel.
Das Spiel ist ungünstig für Moritz.

c)

Auszahlung	bei
3a	$(2|2|2)$
2a	$(2|2|\overline{2}),(\overline{2}|2|2),(2|\overline{2}|2)$
a	$(2|\overline{2}|\overline{2}),(\overline{2}|2|\overline{2}),(\overline{2}|\overline{2}|2)$

Jedes Ereignis tritt mit der Wahrscheinlichkeit 1/8 auf, also 27-mal bei 216 Spielen.

Auszahlung: $27\cdot 3a+3\cdot 27\cdot 2a+3\cdot 27\cdot a=324a$

Einsatz: $6\cdot 216\,€=1296\,€$

Das Spiel ist fair, wenn $324a=1296\,€ \iff a=4€$ ist.

32. a) $A=\{(1|2|2),(2|1|2),(2|2|1),(2|2|2)\}$

$P(A)=\frac{2}{3}\cdot\frac{1}{3}\cdot\frac{1}{3}\cdot 3+\frac{1}{3}\cdot\frac{1}{3}\cdot\frac{1}{3}=\frac{7}{27}\approx 0{,}2593$

$B=\{(1|1|2),(1|2|1),(2|1|1)\}$

$P(B)=\frac{2}{3}\cdot\frac{2}{3}\cdot\frac{1}{3}\cdot 3=\frac{12}{27}\approx 0{,}4444$

b) $P(\text{A gewinnt})=\frac{2}{3}\cdot\frac{2}{3}+\frac{1}{3}\cdot\frac{1}{3}=\frac{5}{9}\approx 0{,}5556$

$P(\text{B gewinnt})=\frac{4}{9}\approx 0{,}4444$

b) Bei 9 Spielen wird Spieler A durchschnittlich 5-mal gewinnen und damit 10 Euro von Spieler B erhalten.
Spieler B wird bei 9 Spielen durchschnittlich 4-mal gewinnen und dadurch $4\cdot 3€=12€$ von Spieler A erhalten.
Spieler B ist im Vorteil.

59 33.a) A: $P(A) = \frac{2}{20} \cdot \frac{10}{19} \cdot \frac{8}{18} = \frac{4}{171} \approx 0{,}0234$

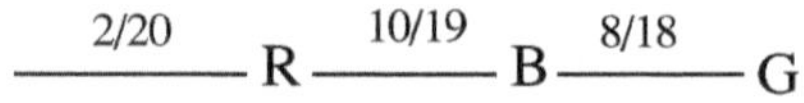

B: $B = \{(R|B|G),(R|G|B),(B|R|G),(B|G|R),(G|R|B),(G|B|R)\}$

$P(B) = 6 \cdot \frac{2}{20} \cdot \frac{10}{19} \cdot \frac{8}{18} = \frac{24}{171} \approx 0{,}1404$

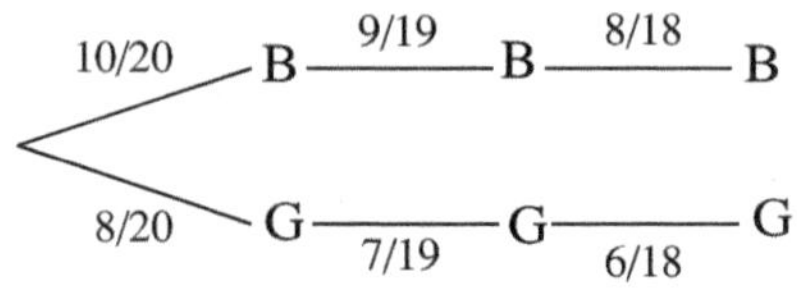

C: $P(C) = \frac{10 \cdot 9 \cdot 8}{20 \cdot 19 \cdot 18} + \frac{8 \cdot 7 \cdot 6}{20 \cdot 19 \cdot 18} \approx 0{,}1544$

D: $D = \{(B|B|\bar{B}),(B|\bar{B}|B),(\bar{B}|B|B),(B|B|B)\}$

$P(D) = \frac{10}{20} \cdot \frac{9}{19} \cdot \frac{10}{18} \cdot 3 + \frac{10}{20} \cdot \frac{9}{19} \cdot \frac{8}{18} = 0{,}5$

b) $E = \{(B|B|B|\bar{B}),(B|B|\bar{B}|B),(B|\bar{B}|B|B),(\bar{B}|B|B|B)\}$

$P(E) = (\frac{10}{20})^3 \cdot \frac{10}{20} \cdot 4 = 0{,}25$

c) $P(\text{keine rote Kugel}) = \frac{18}{20}$, $P(\text{keine rote Kugel bei n Ziehungen}) = (\frac{18}{20})^n$

$P(\text{min. eine rote Kugel bei n Ziehungen}) = 1 - (\frac{18}{20})^n \geq 0{,}9$

$\Leftrightarrow \quad 0{,}1 \geq (\frac{18}{20})^n \quad \Leftrightarrow \quad n \geq \frac{\log 0{,}1}{\log 0{,}9} \approx 21{,}9$

Es müssen mindestens 22 Kugeln gezogen werden.

d) $P(\text{Gewinn}) = \frac{1}{2} \cdot \frac{2}{20} + \frac{1}{2} \cdot \frac{4}{20} = \frac{6}{40} = \frac{3}{20} = 0{,}15$

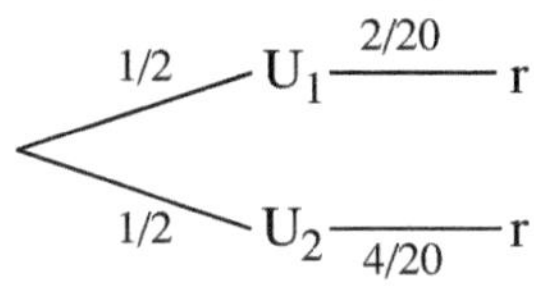

Von 20 Spielen werden durchschnittlich 3 gewonnen, wobei 60 Euro ausgezahlt werden.
Das Spiel ist fair, wenn gleichzeitig 60 Euro Einsatz anfallen, also 3 Euro pro Spiel.

34.a) $A = \{(1|1),(2|2),(3|3)\}$, $P(A) = \frac{3}{8} \cdot \frac{2}{4} + \frac{3}{8} \cdot \frac{1}{4} + \frac{2}{8} \cdot \frac{1}{4} = \frac{11}{32} \approx 0{,}34375$

$B = \{(3|\bar{3}),(\bar{3}|3),(3|3)\}$, $P(B) = \frac{2}{8} \cdot \frac{3}{4} + \frac{6}{8} \cdot \frac{1}{4} + \frac{2}{8} \cdot \frac{1}{4} = \frac{14}{32} \approx 0{,}4375$

$C = \{(1|3),(3|1),(2|2)\}$, $P(C) = \frac{3}{8} \cdot \frac{1}{4} + \frac{2}{8} \cdot \frac{2}{4} + \frac{3}{8} \cdot \frac{1}{4} = \frac{10}{32} \approx 0{,}3125$

$D = A \cap B = \{(3|3)\}$, $P(D) = \frac{2}{32} = 0{,}0625$

b)

Ereignis	Häufigkeit bei 32 Spielen	Auszahlung (Euro)	
(1|1)	6	18	
(2|2)	3	15	
(3|3)	2	20	53 Euro

Bei 32 Spielen sind 64 Euro Einsatz zu zahlen, denen durchschnittlich 53 Euro Auszahlung gegenüberstehen.

Der durchschnittliche Verlust pro Spiel beträgt $\frac{11}{32}$ € ≈ 0,34 €.

c) Vermutung ist richtig: $P(3-\text{mal } 3 \text{ bei } 4 \text{ Würfen}) = \frac{1}{4} \cdot \frac{3}{4} \cdot \frac{3}{4} \cdot \frac{3}{4} \cdot 4 = \frac{27}{64} \approx 0{,}4219$

Vermutung ist falsch: $P(3-\text{mal } 3 \text{ bei } 4 \text{ Würfen}) = \frac{1}{4} \cdot \frac{1}{4} \cdot \frac{1}{4} \cdot \frac{3}{4} \cdot 4 = \frac{3}{64} \approx 0{,}0469$

Die Vermutung von Max hat eine ca. 9-mal größere Wahrscheinlichkeit.

4. Kombinatorische Abzählverfahren

1. Es gibt 26 Buchstaben und 10 Ziffern. Daher sind $26^3 \cdot 10^2 = 1757600$ Autokennzeichen möglich. 61
2. Anzahl der 5-stelligen Zahlencodes: $10^5 = 100000$ 62

   Anzahl der 5-stelligen Zahlencodes mit verschiedenen Ziffern: $10 \cdot 9 \cdot 8 \cdot 7 \cdot 6 = 30240$

   Anzahl der 5-stelligen Zahlencodes mit gleichen Ziffern: 10

3. a) $\binom{5}{3} = 10$, $\binom{7}{6} = 7$, $\binom{4}{4} = 1$, $\binom{5}{0} = 1$, $\binom{8}{3} = 56$, $\binom{9}{2} = 36$, $\binom{22}{11} = 705432$ 64

   $\binom{100}{20} \approx 5{,}359833703 \cdot 10^{20}$

   b) $\binom{12}{5} = 792$ c) $\binom{9}{5} + \binom{9}{6} + \binom{9}{7} + \binom{9}{8} + \binom{9}{9} = 126 + 84 + 36 + 9 + 1 = 256$

   d) $2^{10} = 1024$ (mit der leeren Menge)

4. a) Da 2 Mannschaften das Endspiel bestreiten, gibt es $\binom{8}{2} = 28$ mögliche Kombinationen.

   b) $\binom{5000}{2} = 12497500$ c) $\binom{25}{3} = 2300$

5. a) Es gibt $\binom{32}{4} = 35960$ Möglichkeiten, 4 Karten auszuwählen. Da nur eine dieser Möglichkeiten 4 Asse liefert, gilt: $P(\text{"4 Asse"}) = \frac{1}{35960} \approx 0{,}000028$.

   b) Da es genau eine Auswahl von 5 Buchstaben ohne Konsonaten gibt,nämlich die 5 Vokale, gilt:

   $P(\text{"kein Konsonant"}) = P(\text{"nur Vokale"}) = \frac{1}{\binom{26}{5}} = \frac{1}{65780} \approx 0{,}000015.$

6. a) $P(3R) = \frac{\binom{6}{3} \cdot \binom{43}{3}}{\binom{49}{6}} = \frac{20 \cdot 12341}{13983816} \approx 0{,}0177$ b) $P(\text{mind. } 5R) = \frac{\binom{6}{5} \cdot \binom{43}{1}}{13983816} + \frac{\binom{6}{6} \cdot \binom{43}{0}}{13983816} \approx 0{,}000019$ 65

7. a) $P(\text{genau 2 defekte Lampen}) = \frac{\binom{6}{3} \cdot \binom{4}{2}}{\binom{10}{5}} = \frac{120}{252} \approx 0{,}4762 = 47{,}62\%$

   b) $P(\text{mind. 2 defekte Lampen}) = \frac{\binom{6}{3} \cdot \binom{4}{2} + \binom{6}{2} \cdot \binom{4}{3} + \binom{6}{1} \cdot \binom{4}{4}}{\binom{10}{5}} = \frac{186}{252} \approx 0{,}7381 = 73{,}81\%$

   c) $P(\text{höchstens 2 defekte Lampen}) = \frac{\binom{6}{5} \cdot \binom{4}{0} + \binom{6}{4} \cdot \binom{4}{1} + \binom{6}{3} \cdot \binom{4}{2}}{\binom{10}{5}} = \frac{186}{252} \approx 0{,}7381 = 73{,}81\%$

8. $P(5R; 1ZZ; 0F) = \frac{\binom{6}{5} \cdot \binom{1}{1} \cdot \binom{42}{0}}{\binom{49}{6}} = \frac{6 \cdot 1 \cdot 1}{13983816} \approx 0{,}00000043 = 0{,}000043\%$ 66

9. $P(A) = \frac{\binom{30}{6} \cdot \binom{15}{3} \cdot \binom{5}{1}}{\binom{50}{10}} \approx 0{,}1315 = 13{,}15\%$, $P(B) = \frac{\binom{30}{5} \cdot \binom{15}{0} \cdot \binom{5}{5}}{\binom{50}{10}} \approx 0{,}0002 = 0{,}02\%$

67 10. Es gibt $2^8 = 256$ Beleuchtungsmöglichkeiten.

11. a) Es gibt $10^3 = 1000$ Zahlenkombinationen.
    b) Es gibt 500 Kombinationen mit höchstens einer ungeraden Ziffer.

12. $26^2 \cdot 10^3 \cdot 11 = 7436000$ Möglichkeiten

13. a) $12! = 479001600$ Möglichkeiten
    b) Es gibt 4! Möglichkeiten die Kriminalromane anzuordnen.
    Ebenso gibt es 5! Möglichkeiten der Anordnung der Abenteuerbücher und 3! Möglichkeiten der Anordnung der Mathematikbücher.
    Dann gibt es 3! Möglichkeiten der Anordnung der Themen.
    Insgesamt: $4! \cdot 5! \cdot 3! \cdot 3! = 103680$ Anordnungen.

14. $P(\text{"Fuzzi kommt durch"}) = \frac{6}{7} \cdot \frac{4}{5} \cdot \frac{2}{3} = \frac{48}{105} \approx 45{,}71\%$

15. Möglichkeiten der Anordnung der Buchstaben: $26! \approx 4{,}03 \cdot 10^{26}$
    Zeit bei 10^9 Anordnungen pro Sekunde $\approx 4{,}03 \cdot 10^{17}\,\text{s} \approx 1{,}28 \cdot 10^{10}$ Jahre

16. $11! = 39916800$ Möglichkeiten

17. Mögliche Endspielpaarungen: $\binom{12}{2} = 66$, Mögliche Halbfinalpaarungen: $\binom{12}{4} \cdot 3 = 1485$

18. $\binom{8}{4} \cdot \binom{4}{4} = 70$ Möglichkeiten

19. a) $\binom{16}{3} \cdot \binom{8}{2} = 560 \cdot 28 = 15680$ Möglichkeiten
    b) $\binom{16}{4} \cdot \binom{8}{1} + \binom{16}{3} \cdot \binom{8}{2} + \binom{16}{2} \cdot \binom{8}{3} + \binom{16}{1} \cdot \binom{8}{4} + \binom{16}{0} \cdot \binom{8}{5} = \binom{24}{5} - \binom{16}{5} = 38136$ Möglk.

20. a) $\binom{11}{5} = 462$ Möglichkeiten b) $11 \cdot 10 \cdot 9 \cdot 8 \cdot 7 = 55440$ Möglichkeiten

68 21. a) $\binom{32}{4} = 35960$ Möglichkeiten b) $\binom{28}{2} \cdot \binom{4}{2} = 378 \cdot 6 = 2268$ Möglichkeiten

22. $P(\text{"3r"}) = \dfrac{\binom{5}{3} \cdot \binom{15}{5}}{\binom{20}{8}} \approx 23{,}84\%$

    $P(\text{"mind. 4r"}) = P(\text{"4r"}) + P(\text{"5r"}) \approx 0{,}0542 + 0{,}0036 = 5{,}78\%$

23. $P(\text{"2d"}) = \dfrac{\binom{10}{2} \cdot \binom{90}{3}}{\binom{100}{5}} \approx 0{,}0702 = 7{,}02\%$

    $P(\text{"mind. 3d"}) = P(\text{"3d"}) + P(\text{"4d"}) + P(\text{"5d"})$
    $\approx 0{,}0063835 + 0{,}0002510 + 0{,}0000033 \approx 0{,}0066$

24. $P(\text{"genau 1 defekt"}) = \frac{\binom{10}{1}\cdot\binom{70}{4}}{\binom{80}{5}} \approx 0{,}3814$ 68

$P(\text{"genau 3 defekt"}) = \frac{\binom{10}{3}\cdot\binom{70}{2}}{\binom{80}{5}} \approx 0{,}0121$

$P(\text{"höchstens 4 defekt"}) = 1\text{-}P(\text{"alle defekt"}) = 1 - \frac{\binom{10}{5}\cdot\binom{70}{0}}{\binom{80}{5}} \approx 0{,}9999895$

$P(\text{"mindestens 1 defekt"}) = 1 - P(\text{"keine defekt"}) = 1 - \frac{\binom{10}{0}\cdot\binom{70}{5}}{\binom{80}{5}} \approx 0{,}4965$

25. $P(\text{"3R"}) \approx 0{,}0264$, $P(\text{"4R"}) \approx 0{,}000549$

$G \approx 1€ - 0{,}0264\cdot 10€ - 0{,}000549\cdot 1000€ = 0{,}187€$

Durchschnittlicher Gewinn pro Spiel: 0,187 DM

26. $P(\text{"alle Kugeln verschiedenfarbig"}) = \frac{\binom{5}{1}\cdot\binom{3}{1}\cdot\binom{6}{1}}{\binom{14}{3}} = \frac{90}{364} \approx 24{,}7\%$

$P(\text{"alle Kugeln rot"}) = \frac{\binom{5}{3}\cdot\binom{3}{0}\cdot\binom{6}{0}}{\binom{14}{3}} = \frac{10}{364} \approx 2{,}7\%$

$P(\text{"alle Kugeln gleichfarbig"}) = \frac{10}{364} + \frac{1}{364} + \frac{20}{364} = \frac{31}{364} \approx 8{,}5\%$

27. a) $P(2R) = \frac{\binom{10}{2}\cdot\binom{40}{3}}{\binom{50}{5}} = \frac{45\cdot 9880}{2118760} \approx 0{,}2098$

b) $P(\geq 3W) = \frac{\binom{10}{2}\cdot\binom{40}{3} + \binom{10}{1}\cdot\binom{40}{4} + \binom{10}{0}\cdot\binom{40}{5}}{\binom{50}{5}} = \frac{2016508}{2118760} \approx 0{,}9517$

28. $P(\geq 2G) = \frac{\binom{4}{2}\cdot\binom{6}{1} + \binom{4}{3}\cdot\binom{6}{0}}{\binom{10}{3}} = \frac{6\cdot 6+4}{120} = \frac{1}{3}$

29. a) $P(\text{"1HG, 4N"}) = \frac{\binom{2}{1}\cdot\binom{70}{4}}{\binom{100}{5}} \approx 0{,}0244$, $P(\text{"kein G"}) = \frac{\binom{70}{5}}{\binom{100}{5}} \approx 0{,}1608$

b) $P(\text{"2EG, 3T, 5N"}) = \frac{\binom{8}{2}\cdot\binom{20}{3}\cdot\binom{70}{5}}{\binom{100}{10}} \approx 0{,}0223$

$P(\text{"1HG, 2EG, 7N"}) = \frac{\binom{2}{1}\cdot\binom{8}{2}\cdot\binom{70}{7}}{\binom{100}{10}} \approx 0{,}0039$

5. Exkurs: Simulationen

70 1. Wir simulieren die 10 Sekunden mithilfe der Zufallszifferntabelle (S.195). Die Ziffern 1 und 2 stehen für Bewegung nach oben, 3 und 4 nach unten, 5 und 6 nach rechts, 7 und 8 nach links. Die Ziffern 9 und 0 werden gestrichen.
So erhalten wir die Ziffernfolgen 7645524237, 8837743527, 4645165548, 8581676313, 7838642751, 5245412435, 8811566453, 2557754646, 4147561454, 3555123115.
Werden die entsprechenden Bewegungen duchgeführt, so bleibt das Molekül im ersten Fall im roten Bereich, verlässt ihn im 2. und 3, bleibt im 4., verlässt im 5. und 6., bleibt im 7., verlässt im 8. , bleibt im 9. und verlässt im 10. Fall.
D.h.: Mit einer Wahrscheinlichkeit von 40 % bleibt das Molekül im roten Bereich.
Wird die Fragestellung so interpretiert, dass das Molekül nach 10 Sekunden wieder im roten Bereich ist, so beträgt die Wahrscheinlichkeit 50 %, da es im 5. Fall wieder in den Bereich zurückkehrt.

71 2. 76455242
37883774
35274645
16554885
81676313
83864275 durch 11 teilbar
15245412
43588115
66453255 durch 11 teilbar
54646414
56145435
55123115
16176334
68514258
25537543
31223371
12513188
52153362
76767454
48421345 , 2 von 20, also 10 %

3. Simulationsergebnisse von 20 Personen:
006, 037, 042, 046, 071, 076, 095, 097, 124, 125, 139, 147, 151, 231, 233, 242, 259, 312, 352, 358, ...
Bei ca. 10 Simulationen ergibt sich in ca. 4 Simulationen gleichzeitiger Geburtstag.
Die Wahrscheinlichkeit für dieses Ereignis beträgt daher in einer Gruppe von 20 Personen ca. 40 %.

4. a) Simulationsergebnisse (Anzahl der Spielrunden bis zum Einsetzen):
1|2|1|3|2|2|2|1|1|5 durchschnittlich 2 Runden
b) Mit Hilfe der Zufallszifferntabelle:
6 1. Runde; 455, 242, 334, 352, 46 5. Runde; 451, 6 2. Runde; ...
durchschnittlich 2,4 Runden

5.

Simulationsergebnis	1	1	23	331	221	1	214	1	21112	1	34	1	331	23
Ameise fällt zum Opfer	B	B	C	B	B	B	C	B	B	B	C	B	B	C

Simulationsergebnis	221	3322221	32	33313	213214	32
Ameise fällt zum Opfer	B	B	B	C	C	B

Zu 70 % fällt die Ameise dem Bär B und zu 30 % dem Bär C zum Opfer.
rechnerisches Resultat: B zu 62,5 %, C zu 37,5 %

6. Bernoulliketten

1. $n=6$; $k=3$; $p=0{,}514$ (Knabengeburt) 74
   $P(X=3)=\binom{6}{3}\cdot 0{,}514^3\cdot 0{,}486^3\approx 0{,}3118$

2. $n=5$; $k\leq 2$; $p=\frac{1}{4}$
   $P(X\leq 2)=\binom{5}{0}\cdot\left(\frac{1}{4}\right)^0\cdot\left(\frac{3}{4}\right)^5+\binom{5}{1}\cdot\left(\frac{1}{4}\right)^1\cdot\left(\frac{3}{4}\right)^4+\binom{5}{2}\cdot\left(\frac{1}{4}\right)^2\cdot\left(\frac{3}{4}\right)^3=\frac{918}{1024}\approx 0{,}8965$

3. $n=10$; $k\geq 8$; $p=0{,}8$ (Scheibe getroffen)
   $P(X\geq 8)=\binom{10}{8}\cdot 0{,}8^8\cdot 0{,}2^2+\binom{10}{9}\cdot 0{,}8^9\cdot 0{,}2^1+0{,}8^{10}\approx 0{,}6778$

4. $n=8$; $k=4, 5, 6$; $p=\frac{2}{3}$ (rote Kugel)
   $P(4\leq X\leq 6)=\binom{8}{4}\cdot(\frac{2}{3})^4\cdot(\frac{1}{3})^4+\binom{8}{5}\cdot(\frac{2}{3})^5\cdot(\frac{1}{3})^3+\binom{8}{6}\cdot(\frac{2}{3})^6\cdot(\frac{1}{3})^2=\frac{4704}{3^8}\approx 0{,}7170$

5. $n=10$; $k>3$; $p=0{,}4$ (Seitenlage)
   $P(X>3)=1-P(X\leq 3)=1-(P(X=0)+P(X=1)+P(X=2)+P(X=3))$
   $=1-(0{,}6^{10}+\binom{10}{1}\cdot 0{,}4\cdot 0{,}6^9+\binom{10}{2}\cdot 0{,}4^2\cdot 0{,}6^8+\binom{10}{3}\cdot 0{,}4^3\cdot 0{,}6^7)\approx 0{,}6178$

6. $p=\frac{1}{6}$; P(keine 6 bei n Würfen) = $\left(\frac{5}{6}\right)^n$
   P(mindestens eine 6 bei n Würfen) = $1-\left(\frac{5}{6}\right)^n\geq 0{,}9 \iff \left(\frac{5}{6}\right)^n\leq 0{,}1$, $n\geq\frac{\ln 0{,}1}{\ln\frac{5}{6}}\approx 12{,}63$
   Der Würfel muss mindestens 13-mal geworfen werden.

7. E: "Brief am nächsten Tag zugestellt" , P(E) = 0,9 , n = 8
   a) k = 8: B(8; 0,9; 8) = $0{,}9^8 = 0{,}4305$
   b) k = 6, 7, 8
   $B(8;0{,}9;6)+B(8;0{,}9;7)+B(8;0{,}9;8)=28\cdot 0{,}9^6\cdot 0{,}1^2+8\cdot 0{,}9^7\cdot 0{,}1+0{,}9^8=0{,}9619$

8. a) $n=10$; $k=6$; $p=\frac{2}{3}$ (Max gewinnt)
   $P(X=6)=\binom{10}{6}\cdot\left(\frac{2}{3}\right)^6\cdot(\frac{1}{3})^4=\frac{13440}{3^{10}}\approx 0{,}2276$

   b) $n=10$; $k\geq 6$; $p=\frac{2}{3}$
   $P(X\geq 6)=\binom{10}{6}\cdot\left(\frac{2}{3}\right)^6\cdot(\frac{1}{3})^4+\binom{10}{7}\cdot\left(\frac{2}{3}\right)^7\cdot(\frac{1}{3})^3+\binom{10}{8}\cdot\left(\frac{2}{3}\right)^8\cdot(\frac{1}{3})^2+\binom{10}{9}\cdot\left(\frac{2}{3}\right)^9\cdot\frac{1}{3}+\left(\frac{2}{3}\right)^{10}$
   $=\frac{46464}{59049}\approx 0{,}7869$

   c) P(Karl verliert alle n Spiele) = $\left(\frac{2}{3}\right)^n$
   P(Karl gewinnt mindestens eins von n Spielen) = $1-\left(\frac{2}{3}\right)^n$
   $1-\left(\frac{2}{3}\right)^n\geq 0{,}99 \iff \left(\frac{2}{3}\right)^n\leq 0{,}01$, $n\geq\frac{\ln 0{,}01}{\ln\frac{2}{3}}\approx 11{,}36$
   Mindestens 12 Partien sind zu spielen.

76 9. $n = 200$, $p = 0{,}3$ (bekommt kein Geld)

a) Der Erwartungswert beträgt $\mu = 0{,}3 \cdot 200 = 60$

b) $\sigma = \sqrt{200 \cdot 0{,}3 \cdot 0{,}7} = \sqrt{42} \approx 6{,}48$

c) $2\sigma-$Regel: $\mu - 2\sigma \approx 47$, $\mu + 2\sigma \approx 73$

Mit 95% Wahrscheinlichkeit werden mindestens 47 aber höchstens 73 Personen kein Geld bekommen.

77 10. a) $n = 12$, $p = 0{,}4$, $E(X) = n \cdot p = 4{,}8$, $\sigma(X) = \sqrt{n \cdot p \cdot (1-p)} = 1{,}697$

b) $n = 125$, $p = 0{,}2$, $E(X) = 25$, $\sigma(X) = 4{,}472$

c) $n = 37400$, $p = 0{,}95$, $E(X) = 35530$, $\sigma(X) = 42{,}149$

11. a) $n = 20$; $p = 0{,}7$, X: Anzahl der Patienten, bei denen das Nasenspray lindernd wirkt
$E(X) = np = 14$

b) $P(X=14) = \binom{20}{14} \cdot 0{,}7^{14} \cdot 0{,}3^{6} \approx 0{,}1916$

12. a) $\left.\begin{array}{l} \mu = 5 = n \cdot p \\ \sigma(X) = 2 = \sqrt{n \cdot p \cdot (1-p)} \end{array}\right\} \Rightarrow \frac{n \cdot p \cdot (1-p)}{\mu} = 1 - p = \frac{4}{5} \Rightarrow p = \frac{1}{5}, \quad n = 25$

b) $\left.\begin{array}{l} \mu = 225 \\ \sigma(X) = 7{,}5 \end{array}\right\} \Rightarrow 1 - p = 0{,}25 \Rightarrow p = 0{,}75, \quad n = 300$

c) $\left.\begin{array}{l} \mu = 7{,}2 \\ \sigma(X) = 1{,}2\sqrt{2} \end{array}\right\} \Rightarrow 1 - p = 0{,}4 \Rightarrow p = 0{,}6, \quad n = 12$

13. a) $n = 5000$; $p = 0{,}04$; $E(X) = 200$; $\sigma(X) \approx 13{,}86$

b) Der Stichprobenumfang n ist zu bestimmen, $p = 0{,}96$ (Lampe funktioniert).

Ansatz: $n \cdot p \geq 6000 \Leftrightarrow n \geq 6250$

Es sollten mindestens 6250 Lampen bestellt werden.

14. a) $n = 8$; $p = \frac{1}{5}$; $E(X) = \frac{8}{5}$; $\sigma \approx 1{,}13$

$P(X \geq 2) = 1 - (P(X=0) + P(X=1)) = 1 - (\left(\frac{4}{5}\right)^8 + \binom{8}{1} \cdot \frac{1}{5} \cdot \left(\frac{4}{5}\right)^7) \approx 0{,}4967$

b) $p = 0{,}3$; $n \cdot 0{,}3 > 5 \Leftrightarrow n > 16{,}67$

Es müssen mindestens 17 Kugeln gezogen werden.

Mit $n = 17$: $\sigma(X) = \sqrt{17 \cdot 0{,}3 \cdot 0{,}7} \approx 1{,}89$

c) $p = 0{,}2$; $n \cdot 0{,}2 \geq 1 \Leftrightarrow n \geq 5$

Es müssen mindestens 5 Kugeln gezogen werden.

d) P(keine rote Kugel bei n gezogenen) = $\left(\frac{4}{5}\right)^n$

P(mindestens eine rote Kugel unter n gezogenen) = $1 - 0{,}8^n$

$1 - 0{,}8^n \geq 0{,}9 \Leftrightarrow 0{,}8^n \leq 0{,}1, \quad n \geq \frac{\ln 0{,}1}{\ln 0{,}8} \approx 10{,}32$

Es sind mindestens 11 Kugeln zu ziehen.

Test

1. a) $E = \{(5;6;6),(6;5;6),(6;6;5),(6;6;6)\}$ 82

   b) $P(\text{nicht gewonnen}) = 1 - P(\text{gewonnen}) = 1 - \frac{4}{6^3} = \frac{53}{54} \approx 98{,}15\%$

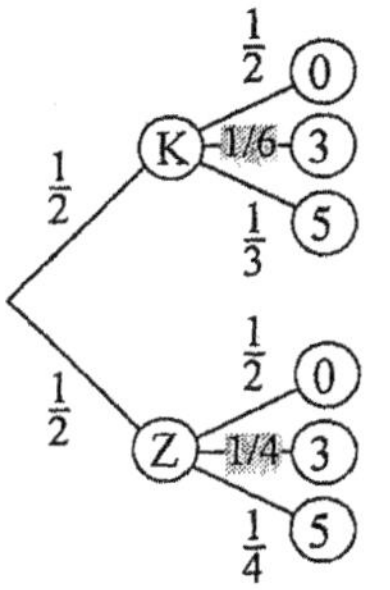

2. a) $P(5) = \frac{1}{2}\cdot\frac{1}{3} + \frac{1}{2}\cdot\frac{1}{4} = \frac{7}{24} \approx 29{,}17\%$

   b) $P(3) = \frac{1}{2}\cdot\frac{1}{6} + \frac{1}{2}\cdot\frac{1}{4} = \frac{5}{24} \approx 20{,}83\%$

   $P(0) = \frac{1}{2}\cdot\frac{1}{2}\cdot 2 = \frac{1}{2} = 50\%$

   Auszahlung: $3\cdot 0{,}2083 + 5\cdot 0{,}2917 \approx 2{,}083$ bei 2 Euro Einsatz
   Es wird ein durchschnittlicher Gewinn von ca. 8 Cent erwartet.

   c) P(mindestens einmal 5 bei n Spielen) = 1–P(keine 5 bei n Spielen)

   $= 1-(\frac{17}{24})^n > 0{,}99$

   $0{,}01 > (\frac{17}{24})^n, \quad n > \frac{\ln 0{,}01}{\ln\frac{17}{24}} \approx 13{,}3...$

   Man müsste mindestens 14–mal spielen.

3. a) $N = \binom{15}{11} = \frac{15!}{11!\cdot 4!} = 1365$ Möglichkeiten für eine 11–er Auswahl aus 15 Schülern.

   b) $N = \binom{2}{1}\cdot\binom{5}{3}\cdot\binom{8}{7} = 160$ Möglichkeiten

   c) Es gibt noch 9! = 362880 Möglichkeiten

4. a) $n = 10;\ p = 0{,}4;\ k = 5;\ P(X{=}5) = B(10;\,0{,}4;\,5) = \binom{10}{5}\cdot 0{,}4^5\cdot 0{,}6^5 = 0{,}2007$

   b) $n = 10;\ p = 0{,}4;\ k \le 2$

   $P(X \le 2) = B(10;0{,}4;0) + B(10;0{,}4;1) + B(10;0{,}4;2)$

   $= \binom{10}{0}\cdot 0{,}4^0\cdot 0{,}6^{10} + \binom{10}{1}\cdot 0{,}4^1\cdot 0{,}6^9 + \binom{10}{2}\cdot 0{,}4^2\cdot 0{,}6^8$

   $= 0{,}00605 + 0{,}0403 + 0{,}1209 = 0{,}1673$

   c) $P(X \le 8) = 1 - P(x > 8)$

   $= 1 - B(10;0{,}4;9) - B(10;0{,}4;10) = 1 - \binom{10}{9}\cdot 0{,}4^9\cdot 0{,}6 - 0{,}4^{10} \approx 0{,}998$

   d) E_1:"erster Treffer im 10. Versuch", $P(E_1) = 0{,}6^9\cdot 0{,}4 = 0{,}0040$

III. Lineare und quadratische Funktionen

1. Reelle Funktionen

84 1. a) Wegen $7 \rightarrow 6, 8$ ist die Zuordnung nicht eindeutig und daher keine Funktion.
b) Unter drei aufeinanderfolgenden natürlichen Zahlen ist stets genau eine der Form 3m, also liegt hier eine Funktion vor.

86 2. a) $f(x) = x^3$ b) $f(x) = x+4$ c) $f(x) = x^2+1$

3.

	Definitions-menge	Werte-menge	Symmetrie zur y-Achse	Symmetrie zum Ursprung	durchgängig ansteigend	Zeichnen ohne Stiftabsetzung
a)	$\mathbb{R}$	$\{1\}$	ja	–	nein	ja
b)	$\mathbb{R}$	$\mathbb{R}$	–	ja	ja	ja
c)	$\mathbb{R}$	$\mathbb{R}_0^+$	ja	–	nein	ja
d)	$\mathbb{R}$	$\mathbb{R}$	–	ja	nein	ja
e)	$\mathbb{R}$	$\mathbb{R}_0^+$	ja	–	nein	ja
f)	$\mathbb{R}_0^+$	$\mathbb{R}_0^+$	–	–	ja	ja
g)	$\mathbb{R}/\{0\}$	$\mathbb{R}/\{0\}$	–	ja	nein	nein
h)	$\mathbb{R}/\{0\}$	$\mathbb{R}^+$	ja	–	nein	nein
i)	$\mathbb{R}$	$\mathbb{R}_0^+$	ja	–	nein	ja
j)	$\mathbb{R}$	$\{-1,0,1\}$	–	ja	nein	nein
k)	$\mathbb{R}$	$[-1,1]$	–	ja	nein	ja
l)	$\mathbb{R}$	$[-1,1]$	ja	–	nein	ja

87 4. a) $W = \mathbb{N}_0 / \{1\}$ b) $W = \mathbb{R}_0^+$ c) $W = (0\,;\,1)$

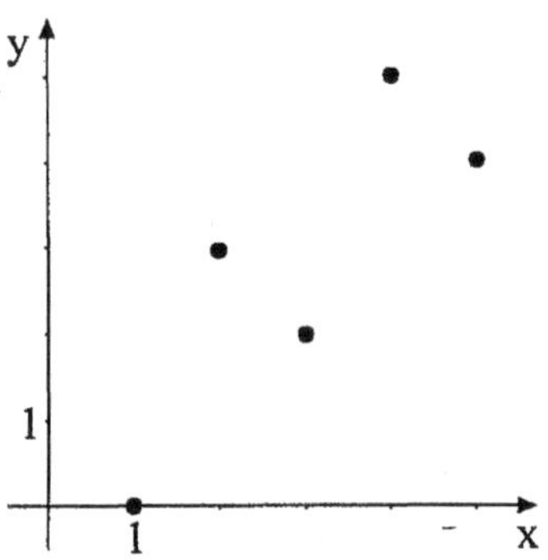

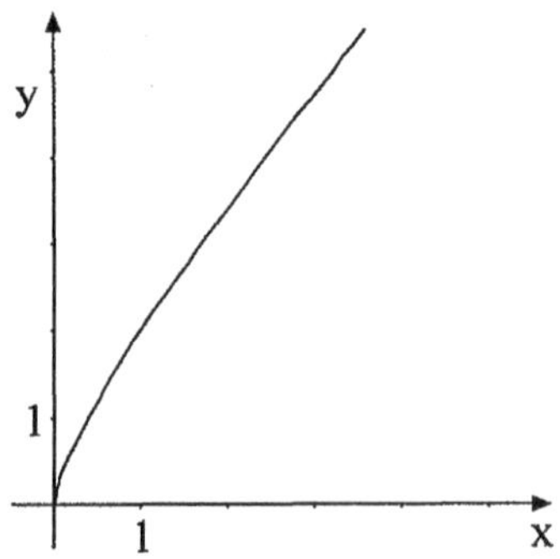

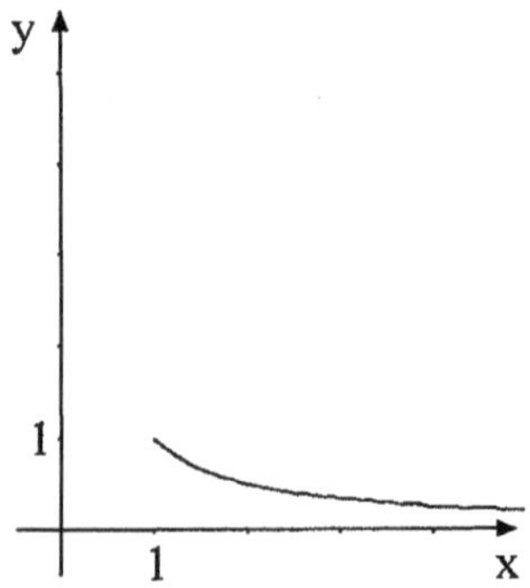

4. d) $W = \{x \in \mathbb{R} \mid x \geq -2\}$ e) $W = \{0; 0,5; 1\}$

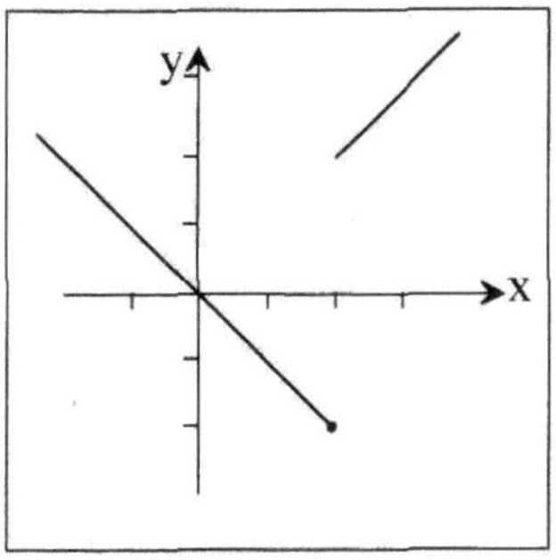

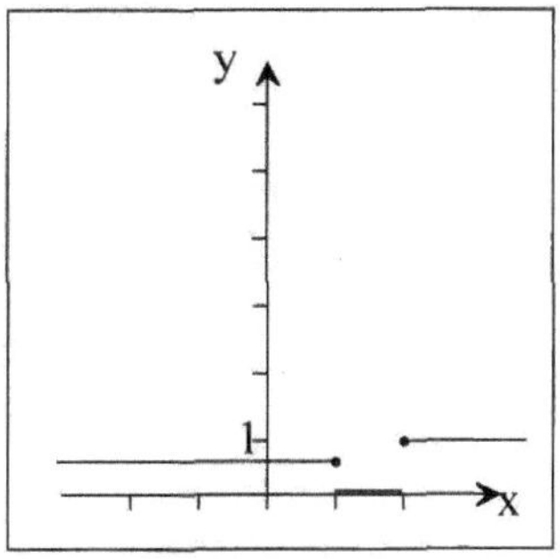

5. a) ja b) nein c) ja d) nein e) ja
f) nein g) nein h) nein

6. a) Die Fahrt begann um 13.00 Uhr.
Sie dauerte 6 Stunden.
Die Höchstgeschwindigkeit betrug 90 km/h (ca. 17.00 Uhr).
Die Pause betrug 30 Minuten.
b) Lediglich im Zeitraum von ca. 17.15 Uhr bis ca. 18.00 Uhr wurde mehrfach zum Stillstand gebremst, also ist lediglich hier eine Großstadtfahrt zu vermuten.
Die hierbei gefahrene Spitzengeschwindigkeit lag mit ca. 40 km/h deutlich unter der zulässigen Höchstgeschwindigkeit von 50 km/h.
c) Zwischen 13 und 15 Uhr betrug die durchschnittliche Geschwindigkeit ca. 70 km/h. Damit wurden ca. 140 km zurückgelegt.
Zwischen 14 und 17.30 Uhr wurden ca. $1,5 \cdot 70 + 0,5 \cdot 0 + 1,25 \cdot 80 + 0,25 \cdot 30 = 212,5$ km in 3,5 Stunden zurückgelegt. Das entspricht einer Durchschnittsgeschwindigkeit von ca. 61 km/h.

2. Lineare Funktionen

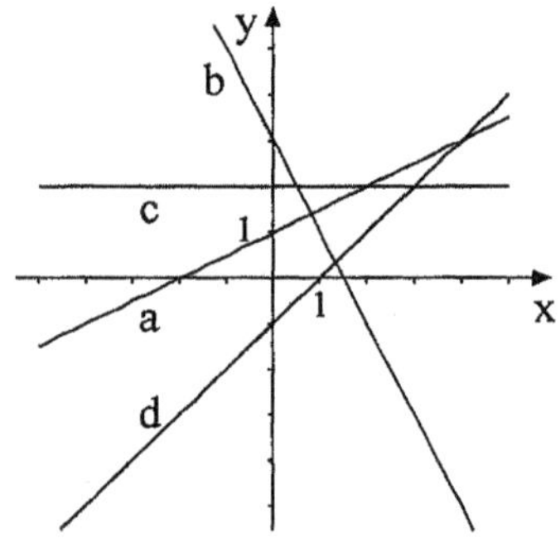

88 1. a) $m = 0{,}5$; bei $y = 1$ bzw. bei $x = -2$
b) $m = -0{,}2$; bei $y = 3$ bzw. bei $x = 1{,}5$
c) $m = 0$; bei $y = 2$ bzw. überhaupt nicht
d) $m = 1$; bei $y = -1$ bzw. bei $x = 1$

89 2. a) $m = 0{,}5$ b) $m = -2$
c) $m = 0$ d) $m = 1$

3. b)c) f: $m = \frac{1}{2}$

g: $m = \frac{3}{2}$

h: $m = \frac{-1}{3}$

a)

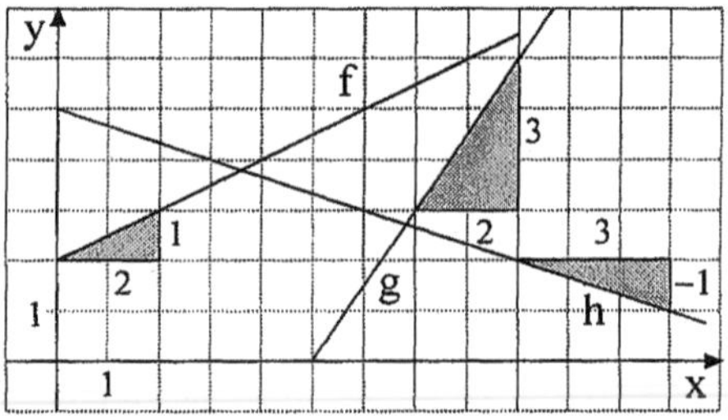

4. $\frac{\Delta y}{\Delta x} = \frac{f(x_1)-f(x_0)}{x_1-x_0} = \frac{mx_1+n-(mx_0+n)}{x_1-x_0} = \frac{mx_1-mx_0}{x_1-x_0} = \frac{m(x_1-x_0)}{x_1-x_0} = m$

90 5. a) $f(x) = -3x + 5$
b) $m = -\frac{5}{2}$

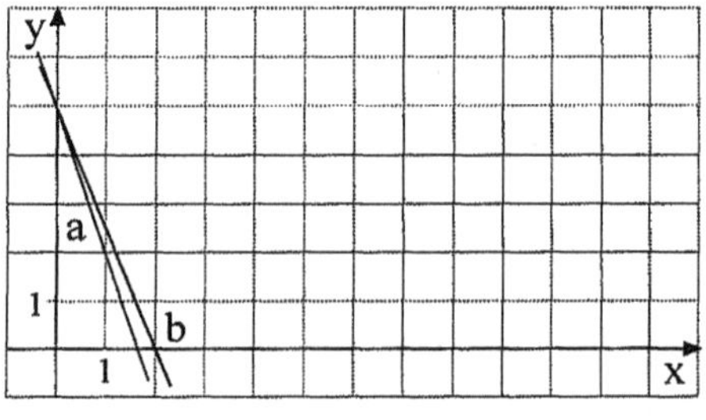

91 6. a) $f(x) = \frac{20-5}{8-3}(x-3) + 5 = 3x - 4$
b) $f(x) = \frac{7-3}{8-0}(x-0) + 3 = \frac{1}{2}x + 3$
c) $f(x) = \frac{2a-a}{a+2-a}(x-a) + a = \frac{a}{2}x - \frac{a^2}{2} + a$

95 7. a) $x_0 = 0{,}5$ b) $y_0 = 0$
c) $x_0 = 4{,}5$

8. a) fallend b) weder noch
c) steigend d) steigend
e) fallend f) weder noch

9. a) $y = 3x+3$ b) $y = 0{,}5x+1$
c) $y = -x+2$ d) $y = 3$
e) $y = -\frac{1}{5}x+1$

10. a) $m = 2$ b) $m = 1$

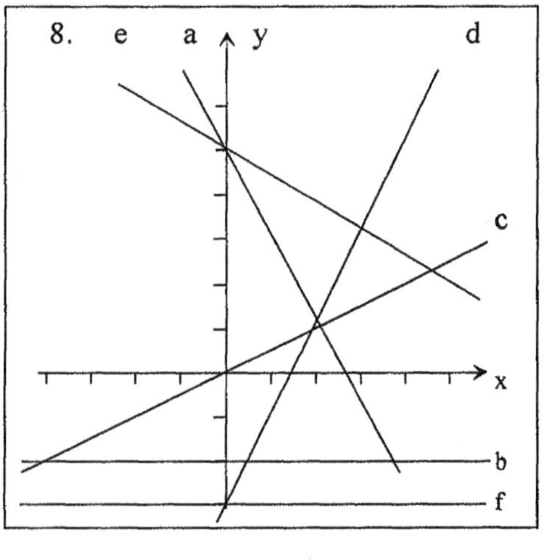

11. a) $y = 3x - 1$ b) $y = -2x + 1$ c) $y = -\frac{1}{2}x + \frac{7}{12}$ 95

12. a) $y = 3x + 5$ b) $y = \frac{1}{3}x$ c) $y = 2$

d) $y = \frac{6a-1}{2a-1}x - \frac{4a}{2a-1}$, $a \neq \frac{1}{2}$ e) $y = -x + 1$ f) $x = 3$

13. a) $m = \pm\sqrt{3}$ b) $y \approx 0{,}36x - 0{,}72$ oder $y \approx -0{,}36x + 0{,}72$ c) $\alpha \approx 111{,}8^\circ$

14. $y(x) = \frac{1100-2200}{6250-6450}(x - 6450) + 2200 = \frac{1100}{200}(x - 6450) + 2200 = 5{,}5x - 33275$

15. $f:\ y = -\frac{3}{4}x + \frac{7}{4}$, $g:\ y = -\frac{3}{4}x + \frac{7}{4}$ Die Geraden sind identisch. 96

16. $f(x) = \frac{1}{3}(x-1) + 1 = \frac{1}{3}x + \frac{2}{3}$, $g(x) = -\frac{4}{8}(x-2) + 3 = -\frac{1}{2}x + 4$, $S(4|2)$ 97

17. a) $S(6|23)$, $\gamma \approx 4{,}4^\circ$ b) $S(1{,}75|2{,}5)$, $\gamma \approx 53{,}13^\circ$ c) $S(\frac{10}{3}|\frac{17}{3})$, $\gamma \approx 36{,}87^\circ$

18. a) Die Gerade g hat die Steigung $m = \frac{1}{3}$ und ist daher nicht orthogonal zu f. 98
b) $g(x) = 5x$
c) Ansatz: $g(x) = -2x + n$; Punktprobe: $1 = -4 + n$, also $n = 5$: $g(x) = -2x + 5$
d) Ansatz: $g(x) = -x + n$; Punktprobe: $3 = -1 + n$, also $n = 4$: $g(x) = -x + 4$

19. $M(3|4)$, $f(x) = -\frac{1}{3}x + 5$ 99

20. Mittelsenkrechte AB: $M_{AB}(-2|-5)$, $f(x) = 3(x+2) - 5 = 3x + 1$
Mittelsenkrechte BC: $M_{BC}(5|2)$, $g(x) = -0{,}5(x-5) + 2 = -0{,}5x + 4{,}5$, Schnittpunkt $S(1|4)$
Mittelsenkrechte AC: $M_{AC}(2|3)$, $h(x) = -(x-2) + 3 = -x + 5$ (Probe)

21. f,g: $S(-7{,}5|-25)$, f, h: $S(-3|-7)$, f, i: $S(0|5)$, f, j: $S(-2|-3)$ 100
g, h: parallel, g, i: $S(2{,}5|-5)$, g, j: parallel
h, i: $(1|1)$, h, j: parallel
i, j: $S(\frac{2}{3}|\frac{7}{3})$

22. a) $S(-1|-5)$, $\gamma \approx 12{,}5^\circ$ b) $S(-\frac{2}{3}|2)$, $\gamma \approx 108{,}4^\circ$ c) parallel   d) $S(0|1)$, $\gamma = 90^\circ$

23. $\alpha \approx 53{,}13^\circ$, $\beta = 90^\circ$, $\gamma \approx 36{,}87^\circ$

24. $m_f = \frac{6}{2} = 3$, $m_g = \frac{-4}{1} = -4$. Die Geraden f und g sind nicht orthogonal.

25. a) $f(x) = 6(x-1) + 3 = 6x - 3$ b) $f(x) = 0{,}5(x-1) + 2 = 0{,}5x + 1{,}5$
c) $f(x) = \frac{1}{11}x$

26. a) $m_g = \frac{1}{3}$, f und g sind nicht orthogonal.
b) $m_f = \frac{2}{3}$, $m_g = -\frac{3}{2}$, f und g sind orthogonal.

27. $m_{AC} = -\frac{1}{2}$, $m_{BD} = 2$

28. $M(5|-0{,}5)$, $f(x) = 2(x-5) - 0{,}5 = 2x - 10{,}5$

100 29. a) $M_a(4|1)$, $f(x) = -\frac{1}{9}(x+5)+2 = -\frac{1}{9}x + \frac{13}{9}$

$M_c(-1|0)$, $g(x) = \frac{2}{3}(x+1) = \frac{2}{3}x + \frac{2}{3}$

b) $S(1|\frac{4}{3})$

30. a) S als Mittelpunkt von $\overline{AB}$: $S(1|3)$, $\overline{CS} = \frac{1}{2}\overline{CD} \Rightarrow D(4|6)$

b) $\tan^{-1}(-\frac{2}{5}) \approx -21{,}8° \Rightarrow \alpha \approx 158{,}2°$

$\tan^{-1}(1) = 45° \Rightarrow \beta = 45°$, $\Rightarrow \gamma' \approx 158{,}2° - 45° = 113{,}2°$, $\gamma \approx 66{,}8°$

101 31. a) Nullstelle: $x_0 = 15$, $\tan^{-1}(-\frac{1}{3}) \approx -18{,}43$, $\Rightarrow \alpha \approx 161{,}57°$

b) f = g: $S(4{,}5|3{,}5)$, $\tan^{-1}(1) = 45° \Rightarrow \gamma' \approx 116{,}57 \Rightarrow \gamma \approx 63{,}43°$

c) $h(x) = 3x$ ist orthogonal zu f.

32. b) $-3 \cdot 3{,}5 + 0{,}5 = -10 \neq 12 \Rightarrow$
P liegt nicht auf f.

a)

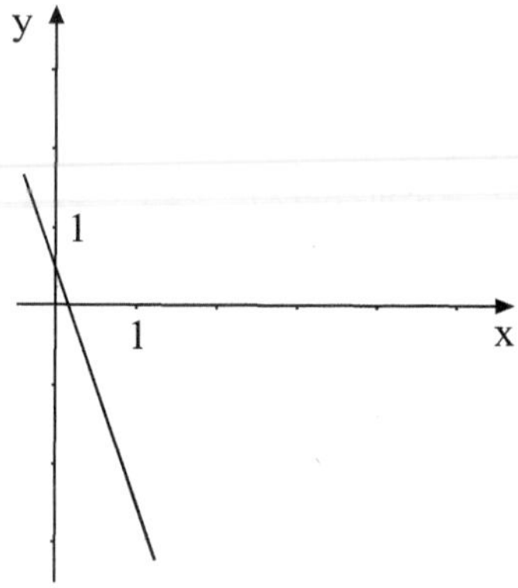

c) $8 = -3 \cdot x_0 + 0{,}5 \Rightarrow x_0 = -2{,}5$

$y_0 = -3 \cdot (-2) + 0{,}5 \Rightarrow y_0 = 6{,}5$

d) $g(x) = -3(x+3) = -3x - 9$

33. a) $f(x) = 3x - 9$

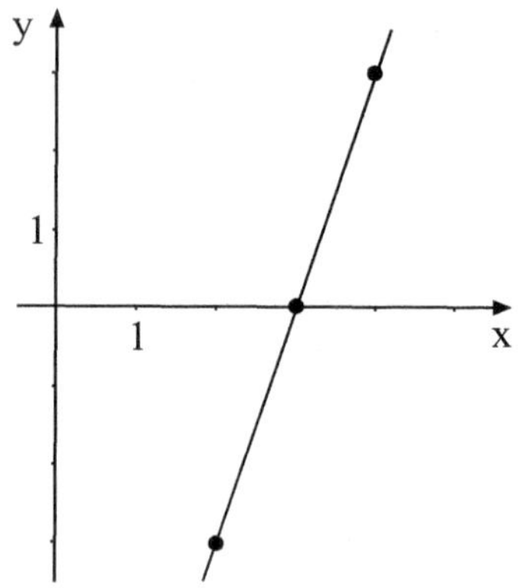

b) $x_s = 3$, $y_s = -9$

c) $M(3|0)$

d) Steigungswinkel: $\alpha \approx 71{,}57°$
ist gleichzeitig Schnittwinkel mit der x-Achse

Schnittwinkel mit der y-Achse: $\gamma_y \approx 18{,}43°$

34. a) Aus $y^2 + 4^2 = 25$ folgt $y = 3$.

b) $f(x) = \frac{3}{4}x + 3$

c) $A = \frac{1}{2} \cdot 4 \cdot 3 = 6$

35. Flugbahn: $h(x) = \frac{-5}{-6}(x-3)+1 = \frac{5}{6}x - \frac{3}{2}$

g = h: $P_3(\frac{3}{2}|-\frac{1}{4})$

36. a) Schnittpunkt der Mittelsenkrechten: 101
$M_{AB}(6|3)$, $m = -2$
$f(x) = -2(x-6)+3 = -2x + 15$
$M_{BC}(10|7)$, $m = 0$
$g(x) = 7$
Resultat: $M(4|7)$

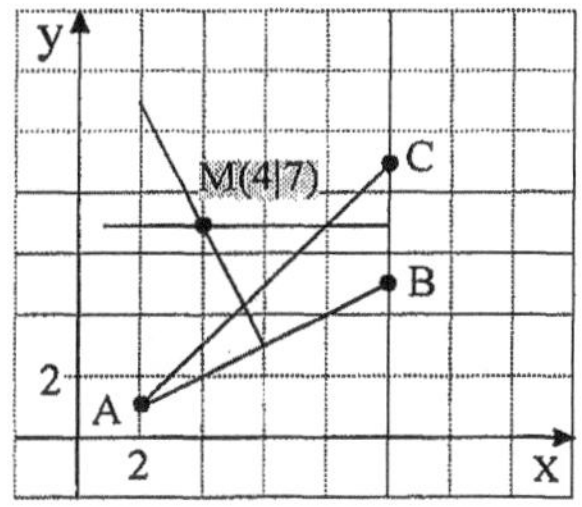

b) Nein, denn es ist der Zeichnung zu entnehmen, dass der Mittelpunkt der Strecke AC: $M_{AC}(6|5)$ zwar nicht gleich weit aber näher zu allen drei Dörfern liegt:

$d(A, M_{AC}) = d(C, M_{AC}) = \sqrt{32} \approx 5{,}66$, $d(B, M_{AC}) = 4$

Dagegen beträgt die gleichweite Enfernung aller 3 Dörfer zu M(4|7) $d = \sqrt{40} \approx 6{,}32$.
Wählt man P(7|4), so betragen die Entfernungen

$d(A,P) = d(C,P) = \sqrt{34} \approx 5{,}83$, $d(B,P) = \sqrt{10} \approx 3{,}16$

also ist hier die Entfernungssumme sogar noch etwas geringer.

37. $d(A,B) = \sqrt{0+49} = 7$, $d(A,C) = \sqrt{9+16} = 5$, $d(B,C) = \sqrt{9+121} \approx 11{,}4$ 102

38. I. Gegenüberliegende Seiten sind parallel:
Die Geraden durch die Punkte A, B und D, C haben jeweils die Steigung m = 0,5.
Die Geraden durch die Punkte A, D und B, C haben jeweils die Steigung m = 2.

II. Alle 4 Seiten haben die gleiche Länge $\sqrt{5}$.

39. $l = \sqrt{900^2 + 700^2} = \sqrt{1300000} \approx 1140{,}175\text{km}$

40. Gerade $g_{AB}(x) = -\frac{1}{3}(x-1) + 6 = -\frac{1}{3}x + \frac{19}{3}$ 103
Orthogonale zu g_{AB} durch P: $h(x) = 3(x-6)+1 = 3x - 17$
Lotfußpunkt: F(7|4), Abstand: $d = \sqrt{10} \approx 3{,}16$

41. a) Die Geraden f und g sind parallel zueinander, da ihre Steigung m = 3 übereinstimmt. 104

b) P(0|–8) liegt auf f. Zu f orthogonale Gerade durch P: $h(x) = -\frac{1}{3}(x-0) - 8 = -\frac{1}{3}x - 8$
Schnittpunkt von g und h: S(–3|–7)
Abstand von P und S: $d = \sqrt{9+1} = \sqrt{10} \approx 3{,}16$

42. $f(x) = \frac{1}{3}x + \frac{1}{3}$, $g(x) = \frac{1}{3}x + \frac{11}{3}$, $|h| = \sqrt{10} \approx 3{,}16$
$A = \sqrt{40} \cdot \sqrt{10} = 20$

43. $|AB| = |AD| = \sqrt{25+4} = \sqrt{29} \approx 5{,}385$, $|BC| = |CD| = \sqrt{4+1} = \sqrt{5} \approx 2{,}236$ 105
Das Viereck ist ein Drachen.

44. $10 = \sqrt{64 + (x-7)^2}$, $(x-7)^2 = 36$, $x - 7 = \pm 6$, $x_1 = 1$, $x_2 = 13$

45. a) $l = \sqrt{100+400} + \sqrt{1600+400} + \sqrt{225+900} + \sqrt{625+900} \approx 139{,}67$
b) Erst 36,86°, dann 90°, zuletzt 66,38°.

105 46. $g_{AB}(x) = -2(x-2)+1 = -2x+5$
Gerade senkrecht zu g_{AB} durch P: $h(x) = 0{,}5(x-6)+3 = 0{,}5x$
Schnittpunkt von g_{AB} und h: $S(2|1)$, $d(A,P) = \sqrt{16+4} = \sqrt{20} \approx 4{,}472$

47. Gerade von Station 1 zu Station 2: $f(x) = \frac{4}{3}(x-100)+200 = \frac{4}{3}x + \frac{200}{3}$

Zu f senkrechte Gerade zum Schwimmer: $h(x) = -\frac{3}{4}(x-350)+325$
Schnittpunkt von f und h: $P(250|400)$

$d_1 = \sqrt{100^2 + 75^2} = \sqrt{15625} = 125$ (Schwimmstrecke)

$d_2 = \sqrt{150^2 + 200^2} = 250$ (Laufstrecke)

David läuft 250m am Strand entlang und schwimmt dann 125m senkrecht vom Strand zum Schwimmer. Dafür benötigt er $\frac{250}{4}s + \frac{125}{2}s = 125s = 2\,\text{min}\,5s$.

48. Die Gerade durch A und B ist die Ursprungsgerade $f(x) = \frac{3}{4}x$.

Die hierzu orthogonale Gerade durch P ist $h(x) = -\frac{4}{3}x$.
Die Geraden schneiden sich im Ursprung, daher ist $P'(3|-4)$ der Spiegelpunkt zu P.

49. Die zu f und g orthogonale Gerade durch $P(0|-1)$ $h(x) = -\frac{4}{3}x - 1$ schneidet die Gerade f im Punkt P und die Gerade g im Punkt $Q(6|-9)$. Es folgt $d = \sqrt{36+64} = 10$.

3. Quadratische Funktionen

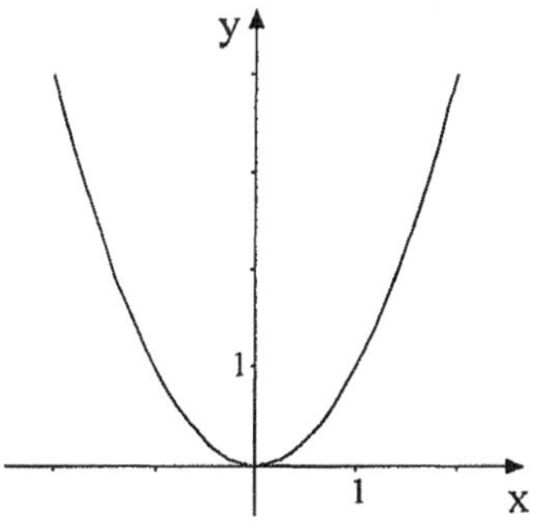

1. a) $x = 6; -6$ 106
   b) $x = \sqrt{5}; \quad -\sqrt{5}$
   c) $x = 0$
   d) Nirgends!

2. $f(x) = x^2 - 3$ 107

3. a) $f(x) = x^2 + 7$
   b) $f(x) = x^2 - 3$
   c) $f(x) = x^2 - 20$ d) $f(x) = x^2 + 4$

4. a) Um –5 in Richtung der x-Achse b) S(4|0) 108

5. a) nein b) ja c) nein d) nein

6. um –3,5 in x-Richtung und um –1,5 in y-Richtung 109
7. $S(-\frac{b}{2}|c - \frac{b^2}{4})$
8. a) $a = \frac{1}{40}$; $y = \frac{1}{40}x^2 + 7$

   b) $l_1 = 17\text{m}$; $l_2 = 12{,}625\text{m}$;

   $l_3 = 9{,}5\text{m}$; $l_4 = 7{,}625\text{m}$

   l_1 - l_4 je 2-mal und 1-mal 7 m

zu 9.

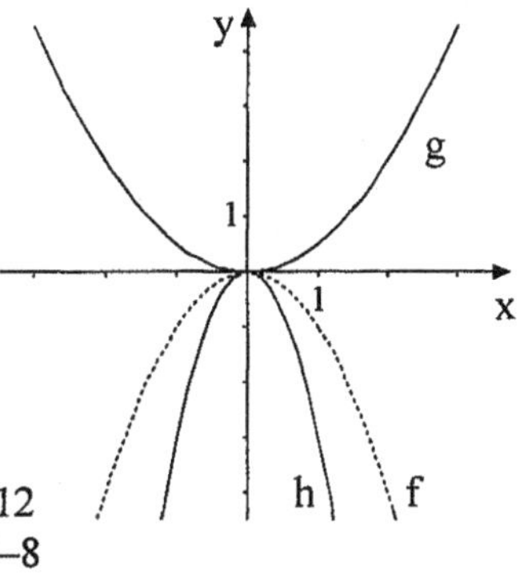

9. Der Graph von f entsteht durch Spiegelung der Normalparabel an der x-Achse, der von g ist breiter, der von h ist schlanker als die Normalparabel.

10. a) $f(x) = 3(x+1)^2 - 6$ b) $f(x) = -3(x-2)^2 + 12$ 110
    c) $f(x) = 0{,}5(x-3)^2 - 2{,}5$ d) $f(x) = -4(x-0{,}5)^2 - 8$

11. $f(x) = (x+2)^2 - 1$, $g(x) = -2(x-1)^2 + 2$, $h(x) = -\frac{1}{4}(x-5)^2 + 1$

12.

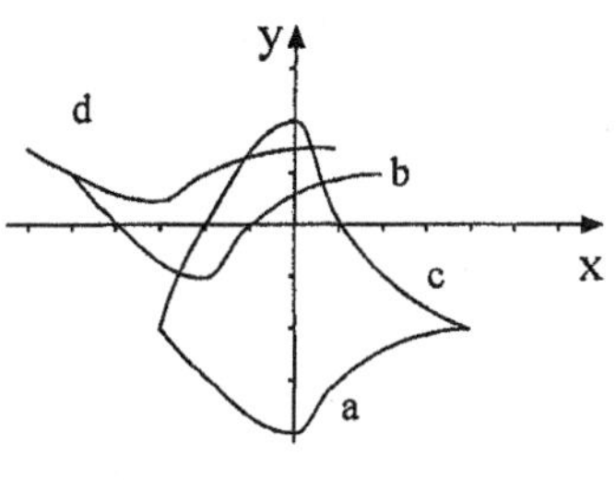

13. a) $g(x) = 2f(x) - 4$ 111
    b) $g(x) = \frac{1}{6}f(x) + \frac{29}{6}$
    c) $g(x) = -\frac{3}{2}f(x) + \frac{11}{2}$

zu 10.

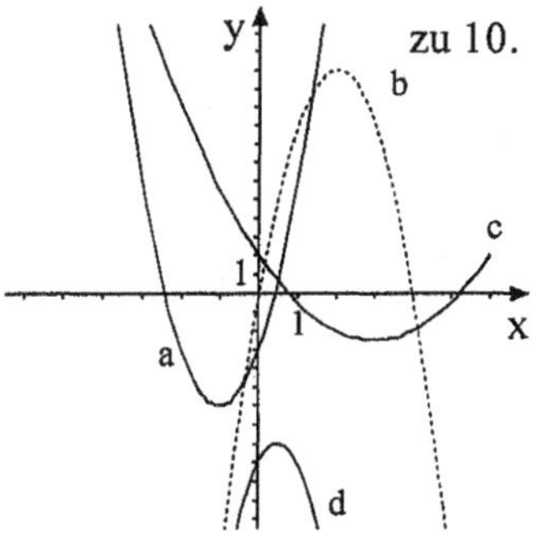

112 14. a) $g(x)=(x+3)^2$, $S(-3|0)$ b) $g(x)=(x-1{,}1)^2$, $S(1{,}1|0)$ c) $g(x)=(x-4{,}5)^2$, $S(4{,}5|0)$

15. a) $g(x)=(x+1{,}5)^2-0{,}5$ b) $g(x)=(x-3{,}2)^2-1{,}44$ c) $g(x)=x^2+7$

16. a) $f(x)=(x-0{,}5)^2+5$
b) $f(x)=(x+0{,}5)^2-0{,}25$
c) $f(x)=(x+11)^2-1$

16.

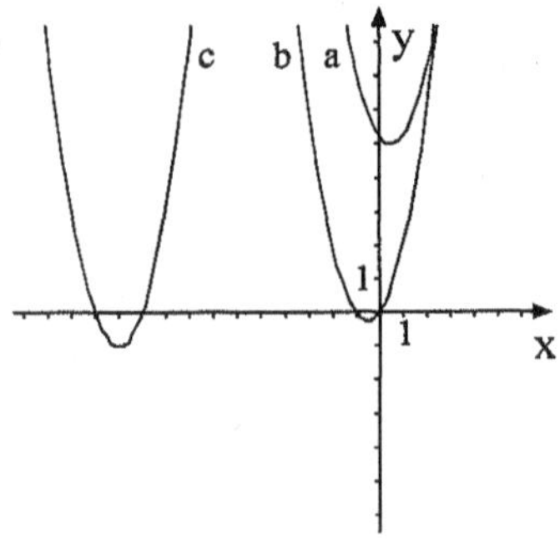

17. Verschiebung längs der

	x-Achse	y-Achse
a)	−6,5	9,75
b)	1	5

18. a) $f(x)=(x-2)^2+1$ b) $f(x)=(x+3)^2$ c) $f(x)=-(x+2)^2+1$ d) $f(x)=(x-1)^2-0{,}5$ e) $f(x)=-(x-3)^2-1$

19.

		Streckung	x-Verschiebung	y-Verschiebung
a)	$f(x)=-(x+1)^2-1$	−1	−1	−1
b)	$f(x)=2{,}5(x+1)^2-7{,}5$	2,5	−1	−7,5
c)	$f(x)=-0{,}5(x-2)^2+1$	−0,5	2	1

20. Wegen $f(x)=(x+\frac{b}{2})^2+c-\frac{b^2}{4}$ gilt $S(-\frac{b}{2}\,|\,c-\frac{b^2}{4})$, also $b>0$ und $c<\frac{b^2}{4}$.

21. P muss die Gleichung der Parabel erfüllen: $y_p=a(x_p-x_s)^2+y_s$.

a) $f(x)=-3(x-1)^2+1$ b) $f(x)=0{,}5(x+1)^2-1$ c) $f(x)=\frac{1}{6}(x+3)^2$

22.

	Verschiebung in x-Richtung	Verschiebung in y-Richtung	Streckung mit	Verschiebung in y-Richtung
a)	1,5	5,5	–	–
b)	$-\frac{5}{6}$	1	−2	–

Reihenfolge beachten!

23.

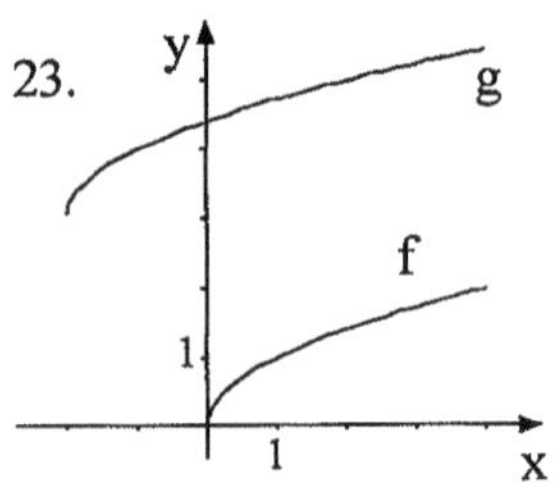

23. $g(x)=3+\sqrt{x+2}$
$D=[-2;\infty)$, $W=[3;\infty)$

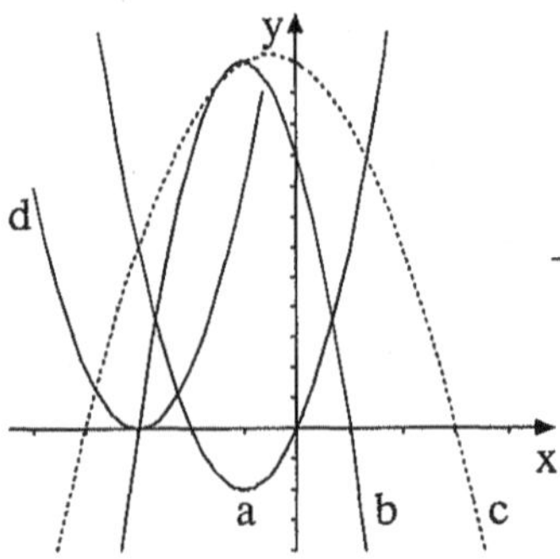

113 24. a) $S(-1|-2)$, $x_s=0,-2$, $y_s=0$
b) $S(-1|12)$, $x_s=-3,\ 1$, $y_s=9$
c) $S(-\frac{1}{2}|\frac{49}{4})$, $x_s=3,-4$, $y_s=12$
d) $S(-3|0)$, $x_s=-3$, $y_s=18$

25. a) Tangente in $P(1|1)$ 114
b) Sekante durch $P(1|1)$, $Q(2|4)$
c) Passante
d) Passante für $b > 3$, Tangente für $b = 3$, Sekante für $b < 3$
e) Tangente für $a = -3$, Sekante für $a \neq 3$

26. a) $-1+\sqrt{5}$ und $-1-\sqrt{5}$ b) keine 115
c) $-1{,}4$ und $1{,}2$ d) 3 und -1
e) keine f) $\frac{3+\sqrt{37}}{14}$ und $\frac{3-\sqrt{37}}{14}$

27. a) $f(x) = (x-4)\cdot(x-4)$ b) $f(x) = (x-6)\cdot(x+6)$ c) $f(x) = 2(x-4)\cdot(x+5)$
d) $f(x) = 2(x-1{,}5)\cdot(x+3)$ e) $f(x) = (x-a)\cdot(x+1)$ f) $f(x) = 2(x-\frac{a}{2})\cdot(x-2)$

28. a) $f(x) = (x+3{,}5)(x-2{,}5) = x^2 + x - 8{,}75 = (x+0{,}5)^2 - 9$
b) $f(x) = (x-3)(x-4) = x^2 - 7x + 12 = (x-3{,}5)^2 - 0{,}25$
c) $f(x) = (x+5)(x+2) = x^2 + 7x + 10 = (x+3{,}5)^2 - 2{,}25$
d) $f(x) = (x-1{,}5)x = x^2 - 1{,}5x = (x-0{,}75)^2 - 0{,}5625$
e) $f(x) = x^2$
f) $f(x) = (x+0{,}4)(x-a) = x^2 + (0{,}4-a)x - 0{,}4a = (x+0{,}5(0{,}4-a))^2 - \frac{(0{,}4-a)^2}{4} - 0{,}4a$

29. a) $-2 < x < 4$ b) $-1-\sqrt{2} < x < -1+\sqrt{2}$ c) $x < -2$ und $x > 2$
d) $x < -1{,}5$ und $x > -1{,}2$ e) $1{,}6 < x < 2{,}5$ f) Für kein x.

30. a) $a \neq 0,\ b^2 = 4ac$ oder $a = 0,\ b \neq 0$ b) $a \neq 0,\ b^2 > 4ac$
c) $a \neq 0,\ b^2 < 4ac$ oder $a = 0,\ b = 0,\ c \neq 0$

31. a) $S(-1{,}5|6{,}25)$ b) $S_1(1|3)$, $S_2(3|7)$
c) $S_1(0{,}56|5{,}88)$, $S_2(-3{,}56|14{,}12)$ d) $S_1(0|1)$, $S_2(3|2)$

32. Das Produkt $x(x-5+\frac{4}{x})$ in der 2. Zeile ist für x=0 nicht definiert. Auf die Gleichung $x(x-5+\frac{4}{x}) = 0$ wurde der Produktsatz angewandt:
Ein Produkt ist null, wenn mindestens einer der Faktoren null ist. Für x=0 verschwindet zwar der 1. Faktor, jedoch ist der 2. Faktor hierfür überhaupt nicht definiert, so dass der Produktsatz nicht anwendbar ist.

33. a) g ist Tangente von f.
(doppelte Nullstelle bei $x = 2$)
b) Sekante (Nullstellen bei $x = 1$ und $x = 2{,}5$)
c) Sekante (Nullstellen bei $x = 1$ und $x = -1$)
d) Passante (keine Nullstellen für $1 < a < 3$)
Tangente (genau eine Nullstelle für $a = 3$ oder $a = 1$)
Sekante (2 Nullstellen für $a < 1$ oder $a > 3$)

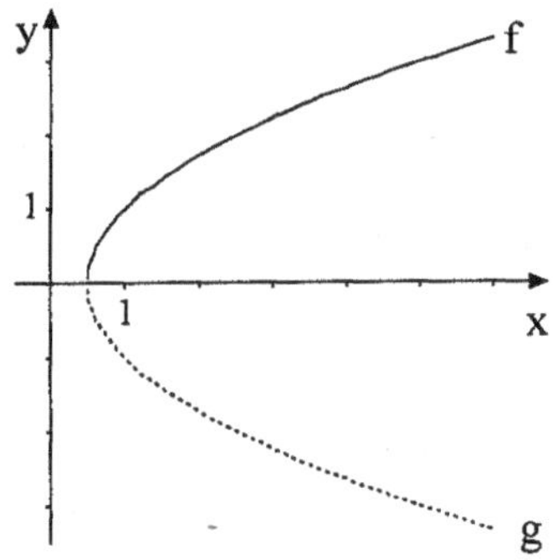

34. $f(x) = \sqrt{2x-1}$, $x \geq 0{,}5$, $g(x) = -\sqrt{2x-1}$, $x \geq 0{,}5$ 116

116 35. a) $y^2 = \frac{27}{4}x$ b) $f(x) = \frac{3}{2}\sqrt{3x}$, $x \geq 0$, $g(x) = -\frac{3}{2}\sqrt{3x}$, $x \geq 0$

117 36. a) $f(x) = 2x^2 - 4x + 5$ b) $f(x) = 3x^2 - 6x + 5$

118 37. a) $100 = x + y$, $y = 100 - x$, $s = x^2 + y^2 = 2x^2 - 200x + 10000 = 2(x-50)^2 + 5000$
$\Rightarrow S(50|5000)$, $x = 50$, $y = 50$, $s_{min} = 5000$

b) $50 = 3a + 2b$, $A = a \cdot b$ mit $b = 25 - \frac{3}{2}a$, $A(a) = 25a - \frac{3}{2}a^2 = -\frac{3}{2}(a - \frac{25}{3})^2 + \frac{625}{6}$

$\Rightarrow S(\frac{25}{3}|\frac{625}{6})$, $a = \frac{25}{3}$, $b = \frac{25}{2}$, $A_{max} = \frac{625}{6}$

121 38. a) $f(x) = -2x^2 + 3x + 4$ b) $f(x) = \frac{1}{9}x^2 + 5$

c) $f(x) = 3x^2 - 8$ d) $f(x) = \frac{1}{2}x^2 - \frac{9}{2}x + 11$

39. $f(x) = a(x-2)^2 + 1$, P einsetzen: $a = \frac{2}{3}$, $f(x) = \frac{2}{3}(x-2)^2 + 1$

40. $f(x) = (x-b)^2 + c$, $X(2,5|0)$, $Y(0|-5)$ einsetzen liefert $b = \frac{1}{4}$, $c = -\frac{81}{16}$

$f(x) = (x - \frac{1}{4})^2 - \frac{81}{16}$, $S(\frac{1}{4}|-\frac{81}{16})$

41. Ansatz: $f(x) = -ax^2 + 192$, $P(96|0)$ einsetzen liefert den

äußeren Bogen: $f(x) = -\frac{1}{48}x^2 + 192$

Ansatz: $f(x) = -ax^2 + 187$, $P(81,5|0)$ einsetzen liefert den

inneren Bogen: $f(x) = -\frac{187}{81,5^2}x^2 + 187 \approx -0,0282x^2 + 187$

42. a) Zeichnung nicht maßstäblich

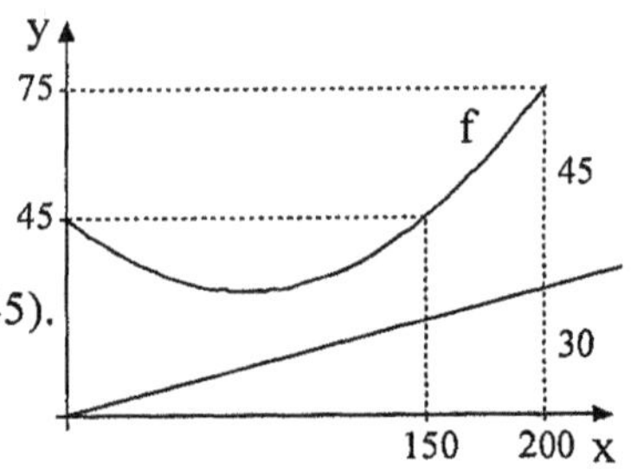

b) Ansatz: $f(x) = ax^2 + bx + c$
Drei Punkte des Graphen sind bekannt:
Am linken Mast (bei $x = 0$) hängt das Seil in 45 m Höhe: $P(0|45)$.
Nach 150 m hängt es wiederum in 45 m Höhe: $Q(150|45)$.
Also hängt es nach 75m am stärksten durch.
Nach 200 m hängt es am rechten Mast, der wegen 15 % Gefälle 30 m höher steht: $R(200|75)$
Der Punkt P liefert $c = 45$. Die Punkte Q und R liefern:
I. $150^2a + 150b + 45 = 45$, II. $200^2a + 200b + 45 = 75$

Lösung: $f(x) = \frac{3}{1000}x^2 - \frac{45}{100}x + 45$

43. Ansatz: $f(x) = ax^2 + 1$
Einsetzen des Wertepaares $(2|3,8)$ liefert $a = 0,7$. Resultat: $f(x) = 0,7x^2 + 1$
Probe: $f(1,5) = f(-1,5) = 2,575$, $f(1) = f(-1) = 1,7$

122 44. Ansatz: $A = xy$ mit $x + 4y = 4$, $A(x) = -\frac{1}{4}x^2 + x = -\frac{1}{4}(x-2)^2 + 1$
$S(2|1)$, also $x = 2$ und $y = 0,5$ für maximalen Flächeninhalt.

45. a) Die so entstandenen 4 kleinen Dreiecke sind kongruent, da sie in 2 Seiten (x und 6–x) sowie dem eingeschlossenen Winkel (90°) übereinstimmen. 122

An den 4 Eckpunkten des inneren Vierecks liegen damit die Außenwinkel α sowie 90°–α.

Also betragen die Innenwinkel des Vierecks jeweils 90°.

Die Viereckseiten sind gleich lang, da sie jeweils die gleichen Seiten der kongruenten Dreiecke sind.

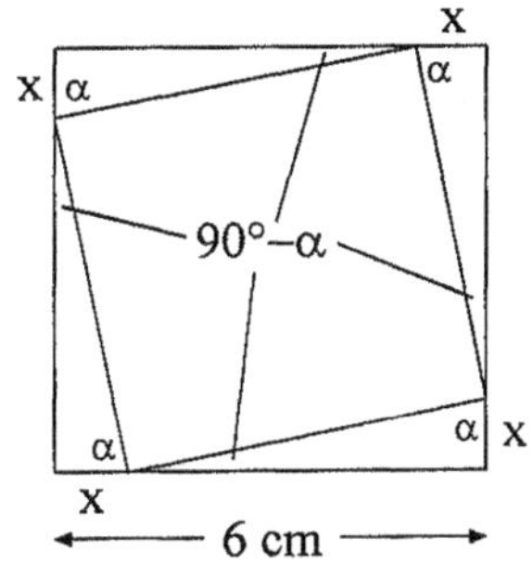

b) Für die Seitenlänge des inneren Quadrats gilt:

$l = \sqrt{x^2 + (6-x)^2}$ (Pythagoras)

Für den Flächeninhalt des Quadrats gilt:

$A = l^2 = x^2 + (6-x)^2 = 2x^2 - 12x + 36 = 2(x-3)^2 + 18$

Es handelt sich um eine nach oben geöffnete Parabel mit dem Scheitel S(3|18).
Resultat: Für x = 3 wird der Flächeninhalt minimal.

46. a) F(0|1) b) $F(0|\frac{33}{8})$ c) F(–2|–1)

47. $f(x) = ax^2$, $\frac{1}{4a} = 36 \Rightarrow a = \frac{1}{144}$

Der Reflektor ist 100 mm tief: $100 = \frac{1}{144}x^2 \Rightarrow x = 120$

Resultat: Der Durchmesser beträgt 2×120 mm = 240 mm.

48. a) $f(x) = ax^2$, $f(\frac{19}{2}) + 14 = f(\frac{45}{2})$: $\frac{a \cdot 19^2}{4} + 14 = \frac{a \cdot 45^2}{4}$, $a = \frac{7}{208}$

Resultat: $f(x) = \frac{7}{208} \cdot x^2$

b) $f(\frac{45}{2}) = 17{,}03726 \approx 17{,}04$ (Tiefe des Reflektors)

Lage des Brennpunktes: $F(0\,|\,\frac{1}{4a}) = F(0\,|\,\frac{52}{7})$

Abstand zur Glasabdeckung: $17{,}03726 - \frac{52}{7} \approx 17{,}04 - 7{,}43 = 9{,}61$

49. a) $f(x) = 0{,}028288x^2$ b) $d \approx 8{,}8377$ m

c) $d \approx \sqrt{4{,}4177^2 + 12{,}5^2} \approx 13{,}26$ m d) $d \approx \sqrt{6{,}6277^2 + 8{,}8388^2} \approx 11{,}05$ m

Test:

126 1. a) $f(x)=2x-5, \quad -6 \neq -2-5$, der Tankwagen befindet sich nicht auf der Bahn.

b) $\tan\alpha = 2, \quad \alpha \approx 63{,}4°$

Schnittpunkt mit der Landebahn bei $x = 2{,}5$ unter $\alpha \approx 63{,}4°$

2. a) Die Geraden p und k laufen echt parallel (gleiche Steigung $m = 2$)

g schneidet die Geraden f, h und k (verschiedene Steigungen)

h schneidet die Geraden f, g und k (verschiedene Steigungen)

b) Es gibt keine senkrecht aufeinander stehende Geraden.

3. a) $|AB| = \sqrt{64+16} \approx 8{,}94, \quad |BC| = \sqrt{49+2{,}25} \approx 7{,}16, \quad |AC| = \sqrt{1+30{,}25} \approx 5{,}59$

b) $g_{AB}(x) = 0{,}5x, \; h_c(x) = -2x + 12{,}5$

Schnittpunkt: $S(5|2{,}5)$

Abstand der Punkte C und S: $d = \sqrt{4+16} \approx 4{,}47$

Zeichnerische Lösung:

Maßstäbliche Zeichnung anfertigen.

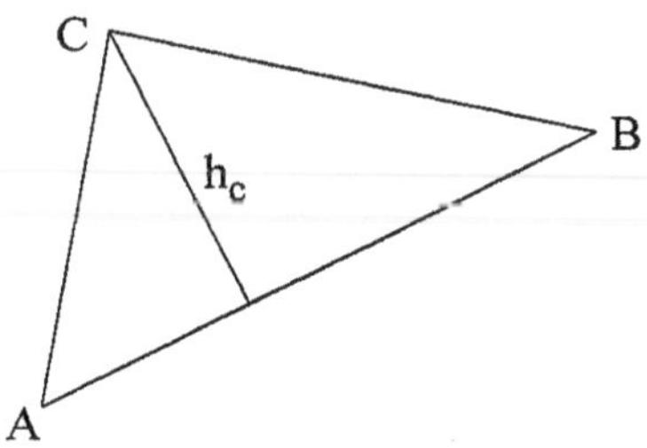

4. a) $f(x) = (x-2)^2+1 = x^2 - 4x + 5$

b) $f(x) = 3(x^2-2x) + 1 = 3(x-1)^2 - 2$

c) $f(x) = 0: \quad x^2 - 3x - 10 = 0, \quad x = \frac{3}{2} \pm \sqrt{\frac{9}{4}+10}, \quad x_1 = -2, \quad x_2 = 5$

d) Ansatz: $f(x) = ax^2 + bx + c$

A: $6 = a + b + c$

B: $2 = a - b + c \quad , \quad 8 = 2a + 2c$

C: $13 = 4a + 2b + c, \quad 17 = 6a + 3c, \quad -7 = -3c, \quad c = \frac{7}{3}, \quad a = \frac{5}{3}, \quad b = 2$

Resultat: $f(x) = \frac{5}{3}x^2 + 2x + \frac{7}{3}$

5. $f = g$: $x^2-8x+20 = 0$ Keine Kollision

6. Flächeninhalt von A in Abhängigkeit von x:

$A(x)$ = Quadratfläche $- A_1 - A_2 - A_3$

$= 36 - \frac{1}{2}6(6-x) - \frac{1}{2}6(6-x) - \frac{1}{2}x^2$

$= 6x - \frac{1}{2}x^2$

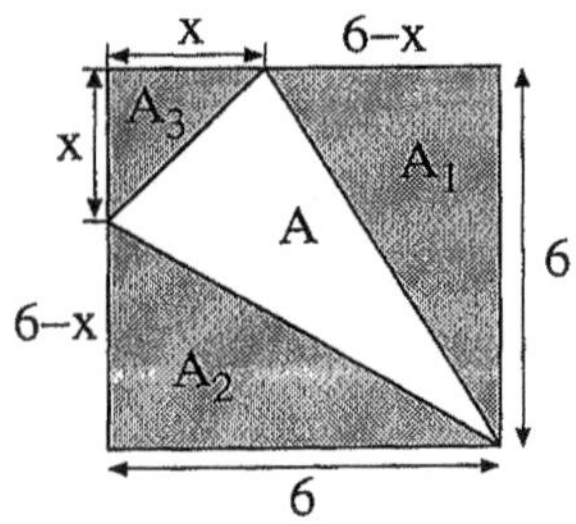

Scheitelpunktsform von A: $A(x) = -\frac{1}{2}(x-6)^2 + 18$

Das Maximum von A wird für $x = 6$ erreicht.

Es gilt $A_{max} = 18$.

1. Potenzen mit ganzzahligen Exponenten

1. a) 5980000000000000000000000 kg 129
   b) 1990000000000000000000000000000 kg
   c) 149600000000 m
   d) 4300000000 Byte

2. a) 9 Stellen b) 10 Stellen c) 10 Stellen
   d) 7 Stellen e) 3 Stellen

3. a) 2^7 b) 5^5 c) 3^5 d) 10^6 e) 7^4 130

4. a) 32 b)768 c) 0,015625 d) 1 e) 0,2401 f) 42
   g) 20736 h) 3 i) $9\cdot\sqrt{3}$ j) −0,2401

5. a) $2{,}4378\cdot 10^{13}$ b) $3{,}116\cdot 10^{14}$ c) $4{,}94\cdot 10^{11}$
   d) $1{,}5\cdot 10^{15}$ e) $5{,}2753\cdot 10^{8}$ f) $1{,}566\cdot 10^{15}$

6. a) 2,48832 b) 0,50421 c) 24,6608
   d) 1,6832 e) 8,912 f) 112,592
   g) 10,368 h) 314,432 i) 32,0276
   j) 16,2 k) 43,4

7. a) $10000\cdot 0{,}95^{15} = 4632{,}91$ b) $4632{,}91\cdot 1{,}23^{18} = 192373{,}78$

8. a) $2{,}5\cdot 10^{11}$ Sonnenmassen b) $3\cdot 10^{5}\ \frac{\text{km}}{\text{s}}$
   c) 10^5 Lichtjahre $= 3{,}1536\cdot 10^{12}$ km d) 10^5-fache des Atomkerns

9. $h = 0{,}00000025\ \text{cm} = 2{,}5\cdot 10^{-7}\ \text{cm}$ 132

10. a) $-\frac{1}{243}[\approx -0{,}0041]$ b) $\frac{1}{2}[=0{,}5]$ c) $-\frac{1}{16}[=-0{,}0625]$
    d) $\frac{1}{16}[=0{,}0625]$ e) −16 f) 0,00017 g) 170000000
    h) $\frac{9}{1000} = 0{,}009$ i) $\frac{10}{81}[\approx 0{,}1235]$ j) $27\frac{1}{27}[\approx 27{,}0370]$

11. n = 8

12. a) $(\frac{1}{4})^5 = \frac{1}{4^5}$ b) 3^2 c) $\frac{1}{(-0{,}3)^2}$ d) $\frac{1}{a^2}$ e) $\frac{2}{x^3}$
    f) $\frac{x}{a^2}$ g) $\frac{1}{(x\cdot a)^2}$ h) $\frac{1}{a^{2n}}$ i) $(\frac{b}{a})^4$ j) $\frac{b^2}{a^3}$

132 13. a) 3^{-2} b) 5^{-1} c) 4^{-6} d) 2^{-7} e) 11^{-3} f) 5^{-3}
g) 10^{-3} h) 50^{-3} i) 5^{-4} j) $-x^{-4}$

14 a) 0,25 ; 0,0625 ; 0,015625 ; 0,00390625 ; 0,0009765625
b) ca. $n = 4$ (je nach Taschenrechner unterschiedlich)

15. a) $a > 0 \Rightarrow \frac{1}{a} > 0 \Rightarrow (\frac{1}{a})^n = a^{-a} > 0$
b) $a^{-n} > a^n$ für $0 > a > 1$; Beispiel: $0{,}5^{-2} = 4 > 0{,}5^2 = 0{,}25$
Die Antwort auf die Frage ist also: nein.

134 16. a) 3^2 b) $(\frac{4}{5})^8$ c) 6^{-5} d) $10^1 = 10$ e) $0{,}4^1 = 0{,}4$ f) x^8
g) x^1 h) y^{-7} i) z^{-2} j) a^3 k) x^{n+2} l) x^{4n}
m) y^{-n} n) y^n 0) a^{14}

17. a) 12^2 b) 3^4 c) 4^{-3} d) $1{,}5^{-4}$ e) 6^6 f) $0{,}4^m$
g) 30^2 h) 2^{-3} i) $(\frac{1}{2})^{2n}$ j) 6^m k) 2^{-n} l) 2^n
m) $(-20)^2$ n) $0{,}5^{-2}$ 0) $(-2)^{-5}$ p) $(-9)^4$

18. a) x^8 b) y^{-15} c) a^{10} d) a^{n^2-5n}

19. a) $x = 6$ b) $x = -2$ c) $x = -2$ d) $x = 2$ e) $x = 1$ f) $x = 7$
g) $x \in R$ beliebig h) $x = \frac{4}{3}$

20. a) $2{,}7 \cdot 10^{10}$ s $\approx$ 856 Jahre b) $\approx$ 856 Milliarden Moleküle

21. Es dauert $1{,}5 \cdot 10^{11}$ Jahre.

22. a) 20^4 b) $(\frac{5}{27})^{-4} = (\frac{27}{5})^4$ c) 64^2 d) 4^3 e) 3^n
f) $3{,}15^m$ g) $3{,}0625^n$ h) 2^a i) 1 j) $(\frac{1}{216})^n$
k) 72^{n-1} l) $(\frac{2}{5})^6$

23. a) $\frac{a}{b^3} = a \cdot b^{-3}$ b) $a^9 \cdot b^3$ c) $a^{-7} \cdot b^{-1}$ d) $a^{-1} \cdot b^{-6}$ e) a^4b^2
f) a^7b^3 g) a^2b^{-1} h) $a^{13}b^{-7}$

2. Potenzen mit rationalen Exponenten

1. $1{,}259 < \sqrt[3]{2} < 1{,}260$ 135

2. a) 5 (exakt) b) 1,710 c) $\frac{1}{4}$ (exakt) d) 5,313 e) 0,02 (exakt) 136

3. a) 1,4422 b) 19 c) 2,4183 d) 0,4642 e) 3 f) 0,56

4. 16,189 cm

5. a) 3 b) 7 c) 2,5 d) 0,2 e) $\frac{1}{6}$ f) 12 138
   g) 16 h) 12 i) a^4 j) 1

6. a) $1{,}58 < \sqrt[3]{4} < 1{,}59$ b) $2{,}15 < \sqrt[3]{10} < 2{,}16$ c) $0{,}79 < \sqrt[3]{0{,}5} < 0{,}80$
   d) $4{,}64 < \sqrt[3]{100} < 4{,}65$ e) $8{,}54 < \sqrt[3]{5^4} < 8{,}55$

7. a) $7^{\frac{1}{3}} \approx 1{,}91$ b) $90^{\frac{1}{3}} \approx 4{,}48$ c) $0{,}005^{\frac{1}{3}} \approx 0{,}17$
   d) $(\frac{1}{50})^{\frac{1}{3}} \approx 0{,}27$ e) $(\frac{122}{125})^{\frac{1}{3}} \approx 0{,}99$

8. 15,03 m

9. $a \approx 1{,}1225$ cm

10. a) 5 b) 2 c) 3 d) 3,5 e) $\frac{2}{3}$ f) 2
    g) a^2 h) $a^2 \cdot b$ i) a^{-4} j) 0 k) $\frac{a^2}{b}$

11. a) Geneuer ist der untere Wert. b) Geneuer ist der untere Wert. 139
    c) Geneuer ist der obere Wert. d) Geneuer ist der obere Wert.

12. a) 1,58 b) 0,84 c) 1,78 d) 1,32 e) 1,76

13. a) 1,821 b) 1,902 c) 0,750 d) 0,598 e) 0,999 f) 1,000

14. $\sqrt[4]{70}$ ist größer als $\sqrt[5]{200}$

15. a) die erste b) die zweite c) die zweite d) die erste und die dritte

16. a) Die n-te Wurzel ist nicht negativ.
    b) Wurzeln mit negativen Radikanden sind nicht definiert.

17. $[(5)^{\frac{1}{4}}]^4 = 5^1 = 5$

139 18.a) $x = \sqrt[3]{15} \approx 2{,}466$ b) $x = -\sqrt[5]{32} \approx -2$

c) $x = \sqrt[4]{4{,}25} \approx 1{,}436$ und $x \approx -1{,}436$ d) $x = -\sqrt[3]{\frac{1}{27}} = -\frac{1}{3}$

e) $x = \sqrt[3]{0{,}4} \approx 0{,}737$ f) $x = \sqrt[4]{\frac{11}{18}} \approx 0{,}884$ und $-0{,}884$

g) $x = 0$ h) keine Lösungen

141 19.a) $\sqrt{49} = 7$ b) $\sqrt[4]{81} = 3$ c) $\sqrt[4]{\frac{1}{81^2}} = \frac{1}{9}$ d) $\sqrt{196} = 14$

e) $\sqrt[3]{27} = 3$ f) $\sqrt[4]{(\frac{16}{81})^3} = (\frac{2}{3})^3 = \frac{8}{27}$ g) $\sqrt[3]{8^{-5}} = 2^{-5} = \frac{1}{32}$

h) $\sqrt{361} = 19$ i) $\sqrt[3]{\frac{1}{0{,}008}} = 5$ j) $\sqrt[4]{0{,}0625} = 8$

20.a) $22^{1/5}$ b) $24^{3/4}$ c) $8^{-1/3}$ d) $2^{-2/3}$ e) $2^{12/5}$

21.a) $2^{\frac{1}{2}} = \sqrt{2}$ b) $(\frac{1}{3})^{\frac{2}{3}} = \sqrt[3]{\frac{1}{9}}$ c) $x^{\frac{1}{2}} = \sqrt{x}$ d) y^4

e) $2^{\frac{5}{2}} = \sqrt{32}$ f) $2^{-\frac{4}{3}} = \sqrt[3]{2^{-4}}$ g) 4 h) $2^{\frac{1}{2}} = \sqrt{2}$

i) $3^{\frac{2}{3}} = \sqrt[3]{9}$ j) $2^2 = 4$ k) $2^{-2} = \frac{1}{4}$ l) $3^{-2} = \frac{1}{9}$

m) $(3x)^{\frac{1}{2}} = \sqrt{3x}$ n) $9^{\frac{2}{3}} = \sqrt[3]{81}$ o) $\sqrt{\frac{8^{-1}}{5^3}} = \sqrt{\frac{1}{1000}}$

142 22.a) $2^{\frac{3}{4}} = \sqrt[4]{8}$ b) $6^{\frac{1}{2}} = \sqrt{6}$ c) $5^{\frac{1}{6}} = \sqrt[6]{5}$ d) $7^{\frac{1}{6}} = \sqrt[6]{7}$

e) $12^{\frac{1}{2}} = \sqrt{12}$ f) $12^{-\frac{1}{6}} = \sqrt[6]{\frac{1}{12}}$ g) $a^{\frac{1}{5}} = \sqrt[5]{a}$ h) $a^{-\frac{2}{3}} = \sqrt[3]{\frac{1}{a^2}}$

i) $a^{\frac{1}{20}} = \sqrt[20]{a}$ j) $a^{\frac{1}{2}} = \sqrt{a}$

23.a) $10^{1/3}$ b) $(\frac{4}{5})^{-\frac{1}{3}}$ c) $(\frac{2}{3})^{\frac{1}{5}}$ d) $(\frac{3}{4})^{\frac{1}{4}}$

e) $(\frac{3}{2})^{-0{,}6}$ f) $(42)^{1/3}$ g) $(\frac{3}{2})^{\frac{1}{6}}$ h) $(\frac{7}{5})^{\frac{1}{2}}$

i) $(\frac{8}{27})^{\frac{2}{3}} = \frac{4}{9}$ j) $6^{2/3}$

24.a) 10 b) $\sqrt{5}$ c) x d) $\sqrt[4]{b}$

e) $\sqrt[3]{2} - 1$ f) $\sqrt[10]{6}$ g) 2 h) 10

i) $a + 2 \cdot \sqrt{ab} + b$ j) -1 k) $\sqrt[3]{a+b}$ l) $4 - \sqrt[3]{x^2}$

m) $\sqrt[3]{b^{-2}}$ n) $a^2 - a\sqrt{b}$ o) 8 p) $a - b$

25. a) $\sqrt[4]{4}$ b) $\sqrt[5]{3^2}$ c) $\sqrt[6]{a}$ d) $\sqrt[n]{5}$ 143
e) $\sqrt[3]{2^4}$ f) $\frac{1}{\sqrt[4]{a}}$ g) $\sqrt{b}$ h) $20-\sqrt[3]{10}$

26. a) $2\cdot\sqrt[3]{9}$ b) $2\cdot\sqrt[5]{3}$ c) $5\cdot\sqrt[3]{2}$ d) $2\cdot\sqrt[7]{2}$
e) $ab\cdot\sqrt[4]{ab^2}$ f) $2\cdot\sqrt[3]{4}$ g) $\frac{13}{5}\cdot\sqrt[4]{2}$ h) $18\cdot\sqrt[3]{3}$

27. a) $2\cdot\sqrt[3]{3}$ b) $2\cdot\sqrt[4]{5}$ c) $\frac{6-\sqrt{5}}{31}$ d) $\frac{1}{2}\cdot\sqrt[4]{7^3}$ 144

28. a) 2 b) 2 c) 3 d) 8
e) 3 f) 7 g) $\frac{5}{2}$ h) 4

29. a) 5^2 b) 9 c) $12^{11/6}$ d) $2^{-5/2}$
e) 14 f) 4 g) 3 h) 1
i) $2\cdot\sqrt{3}$ j) $2^{5/2}$ k) $a^2b + ab^2$ l) $2\cdot\sqrt{3}$

30. a) $\sqrt[4]{80}\cdot\sqrt[4]{\frac{1}{5}}=2$ b) $\sqrt[3]{a}\cdot\sqrt[6]{a}=\sqrt{a}$ c) $(5^4)^{\frac{1}{12}}=\sqrt[3]{5}$
d) $5\cdot\sqrt[3]{16}+2\cdot\sqrt[3]{2}=12\cdot\sqrt[3]{2}$ e) $\sqrt[5]{a^3}\cdot\frac{1}{\sqrt[10]{a^4}}=\sqrt[5]{a}$ f) $(6^{\frac{1}{2}})^{\frac{1}{3}}=\sqrt[12]{36}$

31. a) $3^{\frac{1}{2}}\cdot 27^{\frac{1}{2}}=81^{\frac{1}{2}}=9$ b) $(\sqrt[3]{a}-\sqrt[3]{b})^3=a-3\sqrt[3]{a^2b}+3\sqrt[3]{ab^2}-b$
c) $2^{-\frac{1}{n}}\cdot 2^n=2^{n-\frac{1}{n}}$ d) $7^{-\frac{2}{5}}:14^{-\frac{2}{5}}=(\frac{1}{2})^{-\frac{2}{5}}=2^{\frac{2}{5}}$
e) $2\cdot\sqrt[3]{10}\cdot 4\cdot\sqrt[3]{10}=8\cdot\sqrt[3]{100}$ f) $6\cdot\sqrt[4]{a}\cdot 4\cdot\sqrt[4]{a^3}=24a$

32. 145

1	2	3	4	5	6	7	8	9	10	11	12
M	A	T	H	E	I	S	T	C	O	O	L

33. a) 1 b) $(x-1)^2$ c) -13 d) $4\cdot\sqrt[4]{3}-4\cdot\sqrt[4]{27}-13$
e) a+b f) $(1-x)^{\frac{1}{2}}\cdot(1+x)^{\frac{1}{4}}$

34. a) 4 b) $\sqrt{3}$ c) $\frac{7}{6}\cdot\sqrt{10}$ d) 2a e) 2

35. 146

a	b	c	d	e	f	g
x	-	x	-	x	x	x

36. Im Gewinnfall wird der 2,5-fache Einsatz ausgezahlt. 147
$(16\cdot x^5 = 1562{,}50 \Rightarrow x = 2{,}5)$

147 37. a) $x = \frac{1}{2}$ b) $x = 125$ c) $x = 16$ d) $x = \frac{1}{64}$ e) $x = 0{,}16$

38. a) 0,002 b) 1,667 c) 0,0003 d) 2,560 e) 4,4359

148 39. a) In Frage kommen die Zahlen 22^2, 2^{22}, 2^{2^2}. Die größte Zahl ist $2^{22} = 4194304$.
b) Die größte Zahl lässt sich mit drei Neunen schreiben, und zwar hier ist die Zahl $9^{9^9} \approx 1{,}97 \cdot 10^{77}$ die größtmögliche.

40. 10^{22} Goldwürfel haben ein Volumen von $10^{22} \cdot 1^3\,\text{cm}^3 = 10^{22}\,\text{cm}^3 = 10^{16}\,\text{m}^3$.
Die Goldwürfel würden in Dagoberts Geldspeicher in einer Höhe von 10^{12}m = 10^9km lagern, da aus $V = 10^{16} = 100 \cdot 100 \cdot c \quad c = 10^{12}$ folgt.

41. Mit TR: $\left.\begin{aligned}(9999)^{10} &\approx 9{,}99 \cdot 10^{39}\\ (99)^{20} &\approx 8{,}18 \cdot 10^{39}\end{aligned}\right\} \Rightarrow (9999)^{10}$ ist größer

Ohne TR: Es gilt: $(99)^{20} = ((99)^2)10$ (Potenzgesetz)
$= (9801)^{10}$

Da die Basis 9801 kleiner als 9999 ist, ist auch $(99)^{20} = (9801)^{10} < (9999)^{10}$.

42. a) 0,7 b) 10^5 c) 2^{-3} d) 10^{-3} e) 10^{-4} f) $(-3)^{-3}$

43. a) $\frac{5}{2}$ b) 1 c) 18 d) $\frac{1}{20}$

44. a) $(0{,}1x^3 \cdot 4x^{-2})^3 = (0{,}4x)^3 = 0{,}064x^3$ b) $\frac{x^9}{1000}$ c) $x^{-12} = \frac{1}{x^{12}}$ d) 256

45. a) $x = 2$ b) $x = -3$ c) $x = -0{,}5$; $x = 0{,}5$ d) $x^2 = -1{,}5$; keine Lösung
e) $x = 5$ f) $x = -2$; $x = 2$ g) $x = -\frac{1}{4}$; $x = \frac{1}{4}$ h) $x = -\frac{1}{3}$

46. a) $x^{-\frac{3}{4}}$ b) $x^{\frac{1}{4}}$ c) $x^{\frac{1}{3}}$ d) $x^{\frac{2}{15}}$ e) $x^{\frac{1}{21}}$

47. a) $\sqrt[7]{x^2}$ b) $\sqrt[8]{x}$ c) $\frac{1}{\sqrt[5]{x^4}}$ d) $\frac{1}{\sqrt{x^{11}}}$ e) $\sqrt[1000]{x^3}$

149 48. a) $7 - 3 = 4$ b) ist nicht definiert, da $-2^6 < 0$ ist c) $\frac{9}{16}$

49. a) $a > 0$ b) $a \leq 0$ c) $a \in R$ d) $a \geq \frac{1}{3}$ e) $a < 0$

50. $\sqrt[5]{a^3} > \sqrt{\sqrt{a}} > \sqrt{\sqrt[3]{a}} > \sqrt[5]{\sqrt{a}}$ bzw. $a^{\frac{3}{5}} > a^{\frac{1}{2}} > a^{\frac{1}{6}} > a^{\frac{1}{10}}$

51. a) $7^{-\frac{1}{6}}$ b) $(\frac{1}{2})^{\frac{1}{3}} = \frac{1}{\sqrt[3]{2}}$ c) 2 d) $2^{-\frac{1}{12}}$ e) $2^{\frac{3}{2}}$ f) 8 149

g) 6 h) 4 i) $x^{-\frac{14}{15}} \cdot y^{-\frac{1}{15}} \cdot z^{-\frac{4}{5}}$ j) 0,5 k) a^5 l) $a^{\frac{7}{8}}$

52. a) $\frac{15}{\sqrt[4]{5}} \cdot \frac{\sqrt[4]{5^3}}{\sqrt[4]{5^3}} = 3 \cdot \sqrt[4]{125}$ b) $\frac{2 \cdot \sqrt[5]{9}}{3}$ c) $\frac{\sqrt[6]{2}}{2}$ d) $\frac{\sqrt[3]{x^2 y^2}}{xy}$ e) $\frac{\sqrt{x}+\sqrt{y}}{x-y}$

53. a) $x = 49$ b) $x = 81$ c) $x = 7776$ d) $\frac{1}{125}$

54. a) $(43+x)^{\frac{2}{5}} = 9$, $43+x = 3^5$, $x = 200$ b) $(x+8)^{\frac{2}{3}} = 9$, $x = 19$

c) $4 \cdot \sqrt{x} = 6 + 2 \cdot \sqrt{x}$, $x = 9$

55. a) $(\frac{7^{\frac{2}{3}} \cdot 875^{\frac{1}{3}} \cdot x^{\frac{7}{3}}}{35 x^2})^{\frac{3}{2}} = \frac{7 \cdot 875^{\frac{1}{2}} \cdot x^{\frac{7}{2}}}{35^{\frac{3}{2}} \cdot x^3} = 7\sqrt{x} \cdot (\frac{25}{35^2})^{\frac{1}{2}} = \sqrt{x}$

b) $\frac{(4^{\frac{n-1}{m}+\frac{n+1}{m}})^{\frac{m^2}{m}}}{2^{4n-2}} = \frac{4^{2n}}{2^{4n-2}} = \frac{2^{4n}}{2^{4n-2}} = 4$

c) $\frac{a^{\frac{2}{8}} \cdot 25^{\frac{1}{8}} \cdot a^{\frac{5}{8}}}{a^{-\frac{1}{8}}} \cdot \sqrt[4]{125} - 5a = a \cdot 5^{\frac{1}{4}} \cdot 125^{\frac{1}{4}} - 5a = a5 - 5a = 0$

d) $(\frac{36^{\frac{1}{6}} \cdot x^{\frac{1}{2}} \cdot x^{-\frac{1}{2}}}{6^{-\frac{2}{3}} \cdot x^{\frac{2}{4}}})^{\frac{2}{3}} \cdot \sqrt[3]{6x} = (\frac{6^{\frac{1}{3}}}{6^{-\frac{2}{3}} \cdot x^{\frac{1}{2}}})^{\frac{2}{3}} \cdot \sqrt[3]{6x} = 6^{\frac{2}{3}} \cdot x^{-\frac{1}{3}} \cdot 6^{\frac{1}{3}} = 6$

56. a) $x^{\frac{1}{16}} \cdot \left(\frac{x^{\frac{7}{8}} \cdot x^{\frac{3}{2}}}{x^{\frac{3}{4}} \cdot x^{\frac{1}{4}}} \right)^{\frac{1}{2}} : x^{\frac{1}{4}} = x^{\frac{1}{16}} \cdot x^{\frac{11}{16}} : x^{\frac{1}{4}} = x^{\frac{12}{16}-\frac{1}{4}} = x^{\frac{1}{2}} = \sqrt{x}$

b) $(x^{\frac{1}{2}})^{\frac{1}{5}} \cdot (x^{-\frac{1}{2}})^{\frac{1}{5}} \cdot (x^{-\frac{1}{4}})^{\frac{1}{5}} \cdot (x^{\frac{5}{4}})^{\frac{1}{5}} = x^{\frac{1}{10}-\frac{1}{10}-\frac{1}{20}+\frac{1}{4}} = x^{\frac{1}{5}} = \sqrt[5]{x}$

57. a) $x = 1$: $\sqrt{1+\sqrt{1}} - \sqrt{1-\sqrt{1}} = \sqrt{2}$; $x = 2$: $\sqrt{2+\sqrt{3}} - \sqrt{2-\sqrt{3}} = \sqrt{2}$ (TR)

b) Sei $x \geq 1$. Dann gilt:

$\sqrt{x+\sqrt{2x-1}} - \sqrt{x-\sqrt{2x-1}} = \sqrt{2}$

$\Leftrightarrow x + \sqrt{2x-1} + x - \sqrt{2x-1} - 2 \cdot \sqrt{x+\sqrt{2x-1}} \cdot \sqrt{x-\sqrt{2x-1}} = 2$

$\Leftrightarrow 2x - 2 \cdot \sqrt{x+\sqrt{2x-1}} \cdot \sqrt{x-\sqrt{2x-1}} = 2$

$\Leftrightarrow -2 \cdot \sqrt{x+\sqrt{2x-1}} \cdot \sqrt{x-\sqrt{2x-1}} = 2 - 2x \Leftrightarrow \sqrt{x+\sqrt{2x-1}} \cdot \sqrt{x-\sqrt{2x-1}} = x - 1$

$\Leftrightarrow \sqrt{(x+\sqrt{2x-1}) \cdot (x-\sqrt{2x-1})} = x - 1$ $\Leftrightarrow \sqrt{x^2 - (2x-1)} = x - 1$

$\Leftrightarrow x^2 - (2x-1) = (x-1)^2$ $\Leftrightarrow x^2 - (2x-1) = x^2 - (2x-1)$

3. Potenzfunktionen

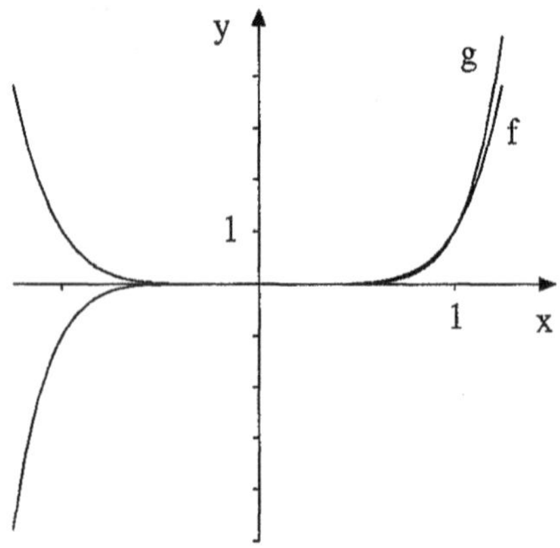

151 1. Der Graph von f ist ähnlich zu den Graphen von f und g aus dem Beispiel: er ist achsensymmetrisch und nimmt keine negativen Funktionswerte an.
Der Graph von g ist ähnlich zu den Graphen von h und k aus dem Beispiel: er ist punktsymmetrisch zum Koordinatenursprung, die Wertemenge ist $\mathbb{R}$.

152 2. Der Graph von f ist
a) punktsymmetrisch zum Ursprung
b) achsensymmetrisch zur y–Achse
c) punktsymmetrisch
d) weder achsen– noch punktsymmetrisch
e) punktsymmetrisch

154 3. a) Potenzfunktionen mit ungeraden Exponenten haben keine Punkte im 2. Quadranten.
b) Im 4. Quadranten verlaufen keine Graphen von Potenzfunktionen.

4. $P_1(-1\,|\,-1)$, $P_2(0\,|\,0)$, $P_3(1\,|\,1)$

Knobelaufgabe:
Geschwindigkeit der Rolltreppe v = x Stufen pro Sekunde.
Stufenzahl in 20 s: I. N = 20 + 20x
Stufenzahl in 16 s: II. N = 32 + 16x Damit folgt x = 3 und weiter N = 80 Stufen.

4. Ganzrationale Funktionen

155 1. a) Grad = 5, $a_5 = 1$, $a_4 = 2$, $a_3 = -1$, $a_2 = 1$, $a_1 = 1$, $a_0 = -1$
b) Grad = 3, $a_3 = 3$, $a_2 = 0$, $a_1 = -1$, $a_0 = 1$
c) Grad = 0, $a_0 = 3$
d) Grad = 5, $a_5 = -2$, $a_4 = a_3 = a_1 = 0$, $a_2 = 1$, $a_0 = 3$

2. Die Graphen von f und h ähneln sich: Beide sind symmetrisch zur y–Achse, gehen durch den Ursprung und haben einen ähnlichen Verlauf.

3. a) Symmetrie zur y–Achse
b) Punktsymmetrisch zum Ursprung.
c) Keine Symmetrie.

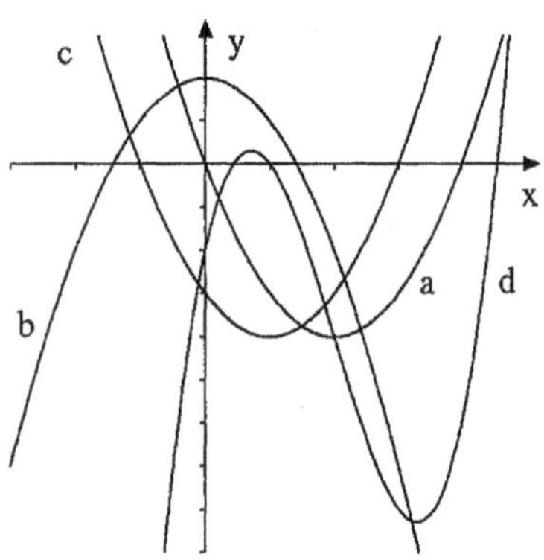

4. Der Funktionsterm von f enthält nur ungerade Exponenten,
der von g sowohl gerade als auch ungerade.

156 5. a) Achsensymmetrie
b) weder noch
c) Punktsymmetrie
d) weder noch

6. a) x < 2: f fällt streng monoton
x > 2: f steigt streng monoton

b) $x < 0$: f steigt streng monoton
$x > 0$: f fällt streng monoton

c) $x < 1$: f fällt streng monoton
$x > 1$: f steigt streng monoton

d) $x < 0{,}5$: f steigt streng monoton 156
$0{,}5 < x < 3{,}5$: f fällt streng monoton
$x > 3{,}5$: f steigt streng monoton

7. I. a) $x = \pm\sqrt{2}$ b) $x = -2,\ x = 2$ c) $x = 0,\ x = -1$ d) $x = 0,\ x = -2$ 158
II. a) $x = -3,\ x = -2,\ x = 2,\ x = 3$ b) $x = -4,\ x = 1,\ x = 2$
c) $x = -2,\ x = -1,\ x = 0,\ x = 2$
III. a) $x = -0{,}5,\ x = 0,\ x = 2$ b) $x = -1,\ x = 0,\ x = 5$ c) $x = \pm\sqrt{8},\ x = 0$
IV. a) Raten: $x = 1$; $x = -5,\ x = 1,\ x = 3$ b) Raten: $x = -4$ (einzige Nullstelle)

8. Der Ansatz $f(t) = 50$ führt auf $t^3 - 14t^2 + 53t - 40 = 0$ mit $t = 1$ als Nullstelle.
Pol.-Div.: $(t^3 - 14t^2 + 53t - 40) : (t - 1) = t^2 - 13t + 40$, weitere Nullstellen: $t = 5$ und $t = 8$
Kostendeckend in den Monaten Februar bis Mai und September bis Dezember

9. a) $x_1 = 4$ ist Nullstelle, Polynomdivision: $x_2 = 0{,}5$, $x_3 = -\frac{1}{3}$ 160
b) $x_1 = 13$, $x_2 = -0{,}5$, $x_3 = 0{,}5$ c) $x_1 = -3$ ist einzige Nullstelle d) $x_1 = 1$, $x_2 = 3$, $x_3 = 2$

10. a) $-1,\ 1,\ -2,\ 2$ b) $-\sqrt{5},\ \sqrt{5}$ sind die einzigen Nullstellen, da $x^2 = -4$ nicht lösbar.
c) $x_1 = -\sqrt{\frac{2}{5}}$, $x_2 = \sqrt{\frac{2}{5}}$ sind die einzigen Nullstellen. d) Keine Nullstellen.

11. a) Grad = 7, $a_7 = 4$, $a_6 = -3$, $a_2 = 2$, $a_0 = -15$ b) Grad = 0, $a_0 = 6$
c) Grad = 5, $a_5 = 0{,}2$, $a_2 = 1{,}4$, $a_0 = -11$ d) Grad = 14, $a_{14} = 1$, $a_1 = -1$, $a_0 = -1$

12. Wegen $p_5(x) = x^2 \cdot p_3(x)$ und $x^2 < 1$ für $|x| < 1$ bzw. $1 < x^2$ für $|x| > 1$ gilt
$|p_5(x)| < |p_3(x)|$ für $|x| < 1$ und $|p_5(x)| > |p_3(x)|$ für $|x| > 1$.

13.

Symmetrie	a	b	c	d	e	f	g	h
zur y-Achse		x		x				
zum Ursprung	x							x
keine			x		x	x	x	

14. Lediglich $f(x) = 0$, Graph ist die x-Achse.

15. a) $a = -4$ b) $a = 4$ c) $a = -1$ d) $a = -1$

16. a) $f(-x) = -\frac{1}{x} = -f(x)$: Symmetrie zum Ursprung
b) $f(-x) = \frac{1}{x^2} = f(x)$: Symmetrie zur y-Achse
c) $f(-x) = -\frac{a}{x} = -f(x)$: Symmetrie zum Ursprung

17. a) Ansatz: $f(x) = (x-2)\cdot(x+2)\cdot a = ax^2 - 4a$, $f(-4) = -16 \Rightarrow a = -\frac{4}{3}$
$f(x) = -\frac{4}{3}x^2 + \frac{16}{3}$
b) Ansatz: $f(x) = ax^2 + 6$, $f(1) = 0 \Rightarrow a = -6$, $f(x) = -6x^2 + 6$
c) Ansatz: $f(x) = a(x - 9\cdot\sqrt{\frac{3}{2}})\cdot(x + 9\cdot\sqrt{\frac{3}{2}}) = ax^2 - \frac{243}{2}a$, $f(3) = -3 \Rightarrow a = \frac{2}{75}$
$f(x) = \frac{2}{75}x^2 - \frac{81}{25}$

161 18. Ansatz: $f(x) = ax^3+bx$ a) $f(x) = x^3+2x$ b) $f(x) = 2x^3$

19. a) $x_0 = -1,\ -3,\ 3$ b) $x_0 = 0,\ 1,\ 2,\ -\frac{1}{2}$ c) $x_0 = 1,\ -2$
d) $x_0 = 1,\ -1,\ \frac{1}{2},\ -\frac{6}{5}$ e) $x_0 = 1,\ -2$ f) $x_0 = -1,\ -\sqrt{\frac{1}{3}},\ \sqrt{\frac{1}{3}}$

20. a) Teiler von −1 untersuchen: $x_0 = \pm 1$ b) Teiler von −2: $x_0 \notin Z$
c) Teiler von 15: $x_0 = 1,\ 3$
d) Zunächst ist $x_0 = 0$ Nullstelle. Dann wird $g(x) = 2x^3-6x^2+6x-2$ untersucht, also sind die Teiler von −2 zu prüfen: $x_0 = 1$

21. a) $x_0 = -2{,}5,\ 2{,}5,\ -0{,}6,\ 0{,}6$ b) $x_0 = -1{,}5,\ 1{,}5,\ -\frac{2}{3},\ \frac{2}{3}$
c) Keine Nullstellen. d) $x_0 = -\sqrt{2},\ \sqrt{2},\ -1,\ 1$

22. a) Es gilt: $f(x) = -6g(x)$ b) Es gilt: $f(x) = 3g(x)$

23. a) $x_0 = -1,\ 1$ b) $x_0 = -2,\ 0$ c) $x_0 = -2,\ 2$
d) $x_0 = -4,\ 4$ e) $x_0 = -1,\ 1$ f) $x_0 = 0,\ 5$

24. a) $f(x) = 0{,}25x(x-3)(x+4)$ b) $f(x) = (x-1)(x+1)(x-2)(x+2)$
c) $f(x) = \frac{1}{6}x^2(x+1)(x+2)$ d) $f(x) = x^3(x+\frac{1}{4}-\sqrt{\frac{19}{48}})(x+\frac{1}{4}+\sqrt{\frac{19}{48}})$

25. a) $c+d = -4$, Polynomdivision: $f(x):(x-1) = 2x^2+4x+4+c$
Normalform: $x^2+2x+2+0{,}5c = 0$, $x_1 = -1-\sqrt{1-2-\frac{c}{2}}$, $x_2 = -1+\sqrt{1-2-\frac{c}{2}}$
Keine weitere Nullstelle für $c>-2$, eine für $c=-2$, zwei für $c<-2$
b) $c-d = 3$, Polynomdivision: $f(x):(x-1) = x^2-3x+c-3$
Normalform: $x^2-3x+c-3 = 0$, $x_1 = 1{,}5-\sqrt{2{,}25-c+3}$, $x_2 = 1{,}25+\sqrt{2{,}25-c+3}$
Keine weitere Nullstelle für $c>5{,}25$, eine für $c=5{,}25$, zwei für $c<5{,}25$

26. Ansatz: $f(x) = a(x-x_1)\ \ldots\ (x-x_n)$, dann P einsetzen und a bestimmen.
a) $f(x) = 0{,}5x^3-0{,}5x$ b) $f(x) = -0{,}25x^3+x^2-0{,}25x-1{,}5$
c) $f(x) = 2x^4-8x^3+8x^2$ d) $f(x) = -0{,}25x^4+2x^3-4{,}5x^2+6{,}75$

162 27. a) Grad von f = 3
b) $x = 0;\ -1{,}5$
c) $f(-x) = -x^3+3x^2-2{,}25x$ $\begin{cases}\neq f(x)\\ \neq -f(x)\end{cases} \Rightarrow$ keine Symmetrie
d) $P \notin f$, $Q \in f$
e) $a = 6{,}75$
f)
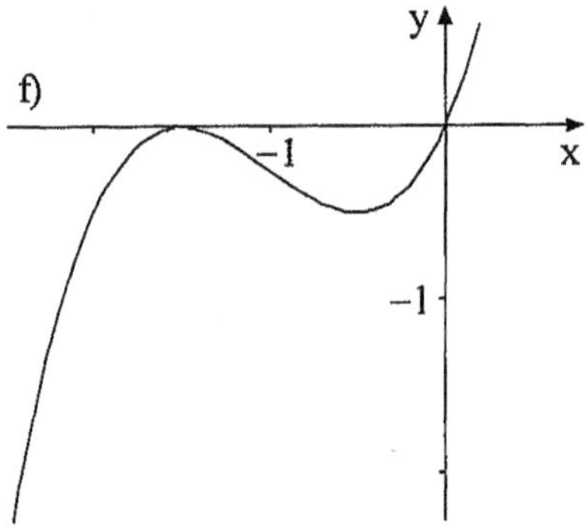

g) $x_0 = -3$, $S_1(0|0)$, $S_2(-3|-6{,}75)$
h) $\alpha \approx 66{,}04°$

28. a) $x_0 = -1{,}5\,;\ -1\,;\ 1\,;\ 1{,}5$ 162
b) Symmetrie zur y-Achse
c) $P \in f\,;\quad Q \notin f$
e) um $-2{,}25$ in Richtung der y-Achse
$g(x) = x^4 - 3{,}25x^2$
Nullstellen $x_0 = 0\,;\ -\sqrt{3{,}25}\ ;\ \sqrt{3{,}25}$
f) $x_S = -0{,}5 \cdot \sqrt{13}\ ;\ -1\ ;\ 1\ ;\ 0{,}5 \cdot \sqrt{13}$
$S_1(-1{,}8|2{,}25),\ S_2(-1|0),\ S_3(1|0),\ S_4(1{,}8|2{,}25)$
g) $h_1(x) = (x-1)^2 - 1 + 1 = x^2 - 2x + 1$
h) $y = x - 1$

d)

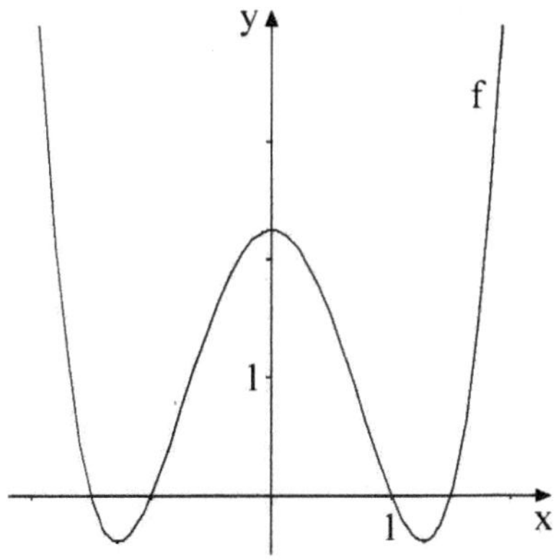

29. a) $x_0 = -2{,}5\,,\ 0\,,\ 2{,}5$
b) Symmetrie zum Ursprung.
d) Gleichsetzen der Funktionsterme:
$S(0|0)$
e) $g_1(x) = 1{,}5x^3 - 3x$
f) $g_2(x) = -x^3 + 2x + a\,,\ g_2(1) = 0\,,\ a = -1$

c)

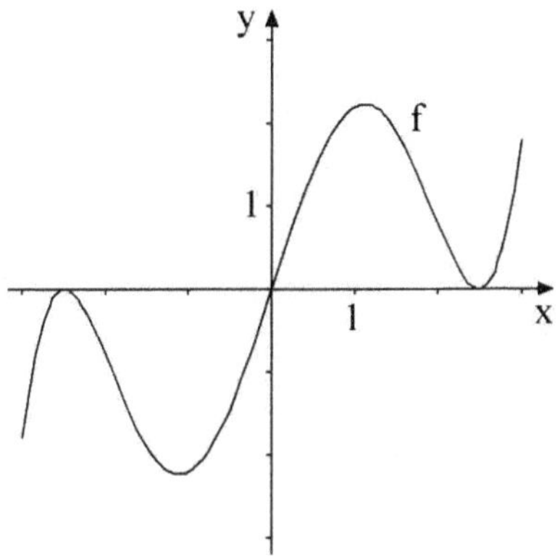

30. a) $x_{01} = 1,\ (x^3 - 9x^2 + 24x - 16):(x-1) = x^2 - 8x + 16$
$x_{02;3} = 4 \Rightarrow f(x) = (x-1)(x-4)^2$
b) $f(-x) = -x^3 - 9x^2 - 24x - 16$

$$\left\{\begin{matrix} \neq -f(x) \\ \neq\ f(x) \end{matrix}\right. \Rightarrow \text{keine Symmetrie}$$

d) $f(2)=4,\ P_1(2|4);\ f(3)=2,\ P_2(3|2);$
$f(4)=0;\ P_3(4|0),\ g(x) = -2x+8$
e) $f(3)=2$, Ansatz: $h(x)=mx$
$h(3)=3m=f(3)=2,\ m = \frac{2}{3} \Rightarrow h(x) = \frac{2}{3}x$
$f(x)=h(x)$
$x^3 - 9x^2 + 24x - 16 = \frac{2}{3}x,\ x^3 - 9x^2 + \frac{70}{3}x - 16 = 0$
$x_1 = 3$, Polynomdivision: $x_2 \approx 1{,}09,\ x_3 \approx 4{,}91$
f) Nullstellen von f_a = Nullstellen von f_1, $f_a(x) = a(x-1)(x-4)^2$
$f_a(2)=4a,\ f_a(3)=2a,\ f_a(4)=0 \Rightarrow g(x) = -2ax + 8a$
$h(x)=mx,\ h(3)=3m=f_a(3)=2a \Rightarrow m = \frac{2}{3}a,\ h(x) = \frac{2}{3}ax$
$\Rightarrow$ Schnittpunkte stimmen mit denen aus Teilaufgabe e überein.

c)

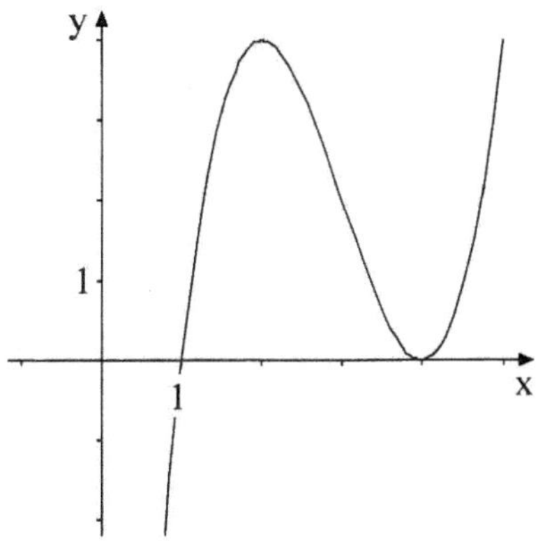

5. Exkurs: Einfache gebrochenrationale Funktionen

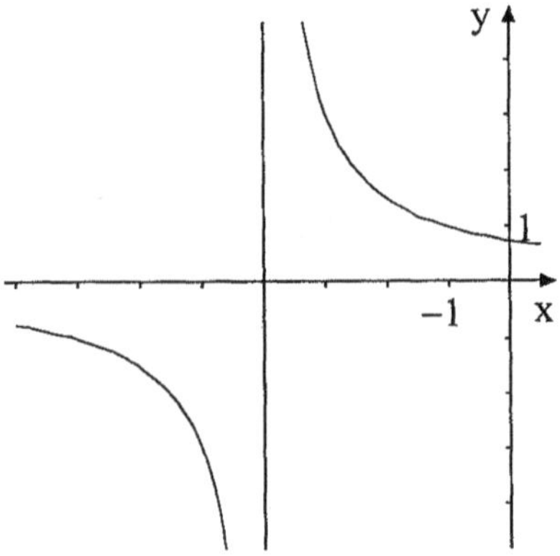

163 1. a) $g(x) = \frac{1}{x+3}, x \neq -3$

b) Streckung um 3
Verschiebung um −4 in x-Richtung

164 2. a) $1 = \frac{3}{x-4}$ für $x = 7$ b) $x = 4{,}003$

c) $x = 2{,}5$ d) $x = 304$

3. a) $g(x) = \frac{2}{x-4}$ b) $g(x) = \frac{2}{x - \frac{a^2-1}{a}}$

4. a) $g(-x) = \frac{1}{(-x)^2} = \frac{1}{x^2} = g(x)$

b) Für $x > 0$ ist $f(x) > 0$, für $x < 0$ ist $f(x) > 0$.

c) $\frac{1}{x^2} = \frac{1}{x} \Leftrightarrow x = 1$ (für $x \neq 0$)

5. a) Um 4 in x-Richtung b) Um 0,5 in x-Richtung, $f(x) = \frac{1}{(x-0{,}5)^2}$.

6. Gerader Index: Ähnlichkeit zu f_2, ungerader Index: Ähnlichkeit zu f_1.
Für $|x| < 1$ schmiegt sich der Graph der Funktion mit dem kleineren Exponent dichter an die y-Achse, für $|x| > 1$ schmiegt sich der Graph für größere Exponenten dichter an die x-Achse.

6. Umkehrfunktionen

1. 166

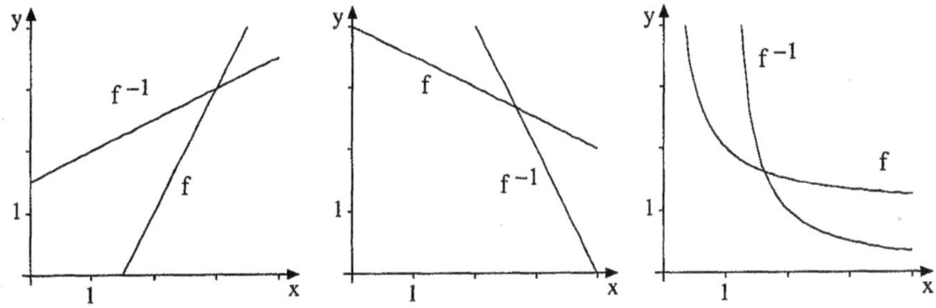

a) $f^{-1}(x) = \frac{1}{2}x + \frac{3}{2}$ b) $f^{-1}(x) = -2x + 8$ c) $f^{-1}(x) = \frac{1}{x-1}$

2. $f^{-1}(x) = \frac{5}{9}x - \frac{160}{9}$

3. 167

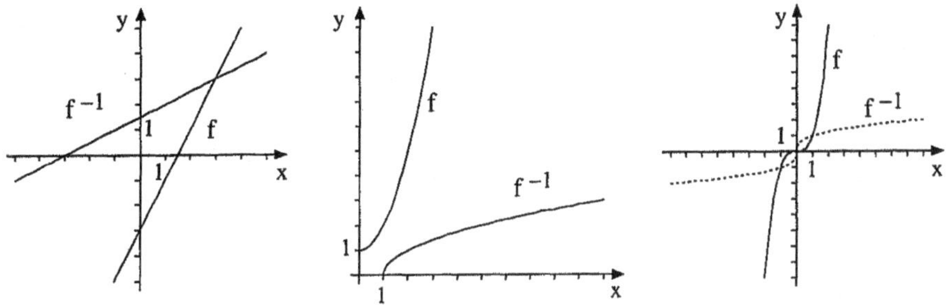

a) $D_f = [-1;4]$, $W_f = [-5;5]$, $D_{f^{-1}} = [-5;5]$, $W_{f^{-1}} = [-1;4]$

b) $D_f = [0;3]$, $W_f = [1;10]$, $D_{f^{-1}} = [1;10]$, $W_{f^{-1}} = [0;3]$

c) $D_f = [-2;2]$, $W_f = [-8;8]$, $D_{f^{-1}} = [-8;8]$, $W_{f^{-1}} = [-2;2]$

4. Nur f_1 und f_4 sind streng monoton steigend und besitzen daher eine Umkehrfunktion.

5. a) $f(f^{-1}(x)) = \frac{9}{5}(\frac{5}{9}(x-32)) + 32 = x$, $f^{-1}(f(x)) = \frac{5}{9}((\frac{9}{5}x + 32) - 32) = x$

b) $f(f^{-1}(x)) = \frac{2}{7}(\frac{7}{2}x + 1 - 1) = x$, $f^{-1}(f(x)) = \frac{7}{2} \cdot \frac{2}{7}(x-1) + 1 = x$

169

6. a) $f^{-1}(x) = \sqrt{x - \frac{1}{2}}$, $x \geq \frac{1}{2}$ b) $f^{-1}(x) = -\sqrt{10x}$, $x \geq 0$

c) $f^{-1}(x) = -\sqrt{2x+6}$, $x \geq -3$ d) $f^{-1}(x) = -\sqrt[4]{x}$, $x \geq 0$

e) $f^{-1}(x) = \sqrt{x^3+1}$, $x \geq 0$ f) $f^{-1}(x) = x^2 + 3$, $x \geq 0$

170 7. a)

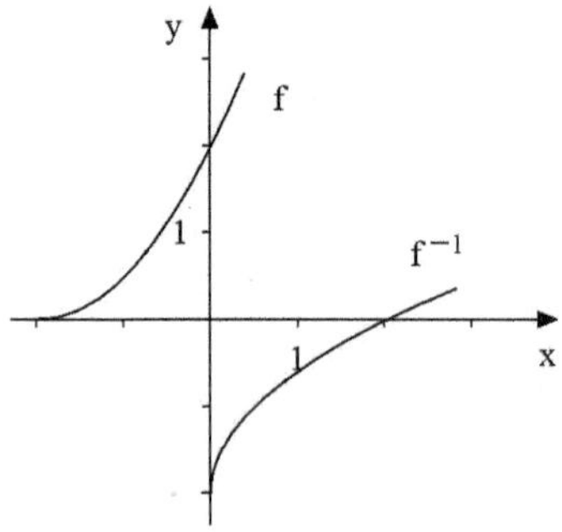

b)

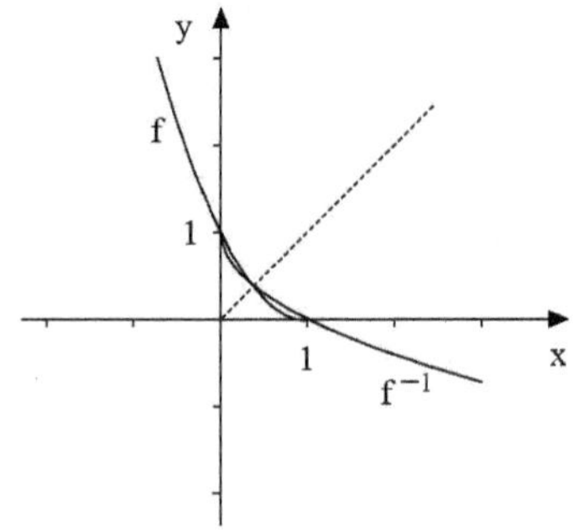

c)

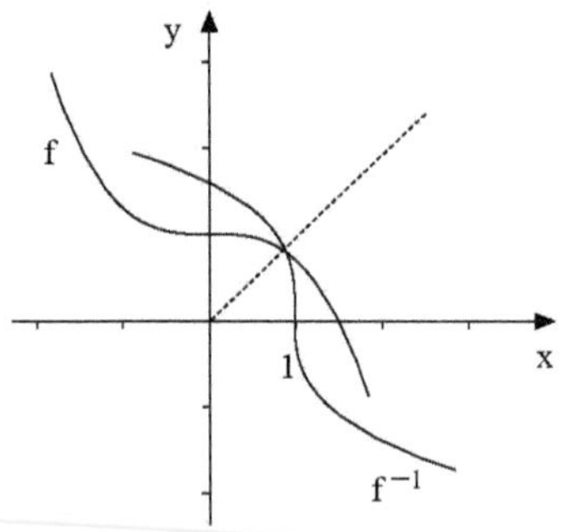

d)

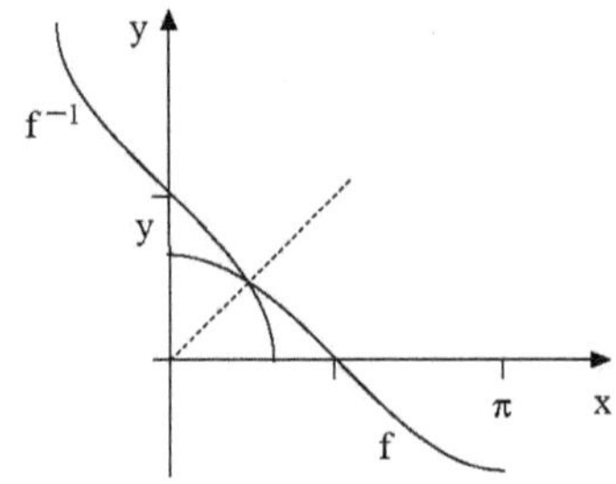

Es bleiben die Punkte beim Spiegeln unverändert, die auf der Winkelhalbierenden $y(x)=x$ liegen, bei denen also die x- und die y-Koordinate übereinstimmen.

8. $A \to IV$, $B \to III$, $C \to I$, $D \to II$

9. $s = 180(n-2)$ $(n \geq 3)$, $n = \frac{s}{180} + 2$ Für $s = 1800$ ergibt sich $n = 12$. Ein Polygon mit 12 Ecken hat die Innenwinkelsumme 1800°.

10. a) $f^{-1}(x) = -\frac{1}{4}x + 2$ b) $f^{-1}(x) = \frac{1}{2}x - \frac{3}{2}$ c) $f^{-1}(x) = \frac{1}{12}x + \frac{1}{2}$
d) $f^{-1}(x) = -\frac{1}{5}x + \frac{9}{5}$ e) $f^{-1}(x) = -2x + 6$ f) $f^{-1}(x) = \frac{1}{2x}$, $x \neq 0$
g) $f^{-1}(x) = \frac{1}{3-x}$, $x \neq 3$ h) $f^{-1}(x) = \frac{1}{x} - 2$, $x \neq 0$

11. $f(x) = f^{-1}(x)$ gilt für $f(x) = x$, $f(x) = -x$, $f(x) = k \cdot \frac{1}{x}$ $(k \in \mathbb{R} \setminus \{0\})$

12. a) $f^{-1}(x) = x^3 + 5$, $x \geq 0$
b) $f^{-1}(x) = -\sqrt{x+1}$, $x \geq -1$
c) $f^{-1}(x) = +\sqrt{3-3x}$, $x \leq 1$
d) $f^{-1}(x) = -\sqrt[4]{4-x}$, $x \leq 4$

13. $r = \sqrt[3]{\frac{3V}{4\pi}}$

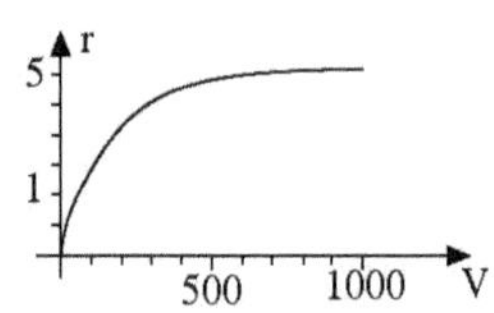

14. $s = \frac{v^2}{2a}$ $\Rightarrow$ $\sqrt{s \cdot 2a} = v$ (in $\frac{m}{s}$) mit $\frac{km}{h} = \frac{1000\,m}{3600\,s}$ folgt:
$3{,}6 \cdot \sqrt{s \cdot 2a} = v$ (in $\frac{km}{h}$), $3{,}6 \cdot \sqrt{s \cdot 2 \cdot 8} = v$, $14{,}4 \cdot \sqrt{s} = v$
Resultat: $v(s) = 14{,}4 \cdot \sqrt{s}$

Test:

1. a) $x^{-\frac{1}{7}} = \frac{1}{x^{1/7}}$ b) 3^{-5} c) $3^{-5/8}$ 174

2. a) $(32^4)^{\frac{1}{20}} = 32^{\frac{1}{5}} = 2$ b) $36^{\frac{7}{2}} \cdot (\frac{1}{4})^{\frac{7}{2}} = 9^{\frac{7}{2}} = 3^7 = 2187$

   c) $(\frac{4}{0{,}05})^{\frac{4}{3}} = 80^{\frac{4}{3}} = (\sqrt[3]{8 \cdot 10})^4 = 2^4 \cdot 10 \cdot \sqrt[3]{10} = 160 \cdot \sqrt[3]{10}$

3. a) $x_0=1\,;2;3$ b) $x_0=1\,;-2$ c) $x_0=-2\,;2\,;-\frac{3}{4};\frac{3}{4}$

4. a) $x_0=-3\,;3$
   b) Symmetrie zur y-Achse
   c)

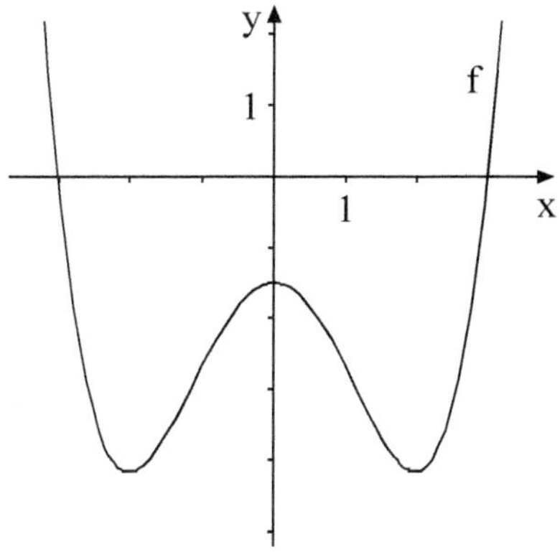

   d) um 1,5 in y-Richtung: $f_1(x) = \frac{1}{6}x^4 - \frac{4}{3}x^2$
   e) $f_1(x) = (\frac{1}{6}x^2 - \frac{4}{3})x^2$
   Bei x=0 liegt eine doppelte Nullstelle.
   f) $g(x) = (x^2 - 9) \cdot \frac{1}{6} = \frac{1}{6}x^2 - 1{,}5$
   g) Streckung um $\frac{1}{6}$ und Verschiebung um 1,5 in y-Richtung
   h) $h_1(x)=0\,;h_2(x)=-0{,}5x-1{,}5\,;h_3(x))=0{,}5x-1{,}5$
   i) 0° ; 26,6° ; 26,6°

5. a) $f(x)=(x-1)(x+1)(x-5)=x^3-5x^2-x+5$
   b) $f_1(x) = a \cdot f(x) \;\Rightarrow\; f_1(-3) = 3 \;\Rightarrow\; f_1(-3) = a \cdot f(-3) = 3 \;\Rightarrow\; a = -\frac{3}{64}$

   $f_1(x) = -\frac{3}{64}(x-1)(x+1)(x-5)$
   c) Für den Aufgabenteil a sind unendlich viele Lösungen möglich:

   $f(x) = a(x^3 - 5x^2 - x + 5)$, $a \in \mathbb{R}$ beliebig. Sie ist jedoch **eindeutig** bestimmt durch die weitere Eigenschaft, dass sie durch den Punkt P(−3|3) gehen soll.

6. a) $f(x)=3(x+2)^2=3(x^2+4x+4)$, $f(-x) = 3(x^2 - 4x + 4)$ $\begin{cases} \neq f(x) \\ \neq -f(x) \end{cases}$ $\Rightarrow$ keine Symmetrie

   b) $f(-x) = (-x+2)(-x-2) = -(x-2) \cdot (-(x+2)) = (x-2)(x+2) = f(x) \Rightarrow$ Achsensymmetrie zur y-Achse
   c) $f(-x) = -x(-x-1)(-x+1) = x(x+1)(1-x) = f(x) \Rightarrow$ Achsensymmetrie zur y-Achse

7. a) $f^{-1}(x) = \frac{1}{3}x + \frac{4}{3}$ b) $f^{-1}(x) = \sqrt{x+2}$ c) $f^{-1}(x) = 8(x-3)^2$
   $D_{f^{-1}} = \mathbb{R}$, $W_{f^{-1}} = \mathbb{R}$ $D_{f^{-1}} = [-2;\infty[$, $W_{f^{-1}} = [0;\infty[$ $D_{f^{-1}} = [3;\infty[$, $W_{f^{-1}} = [0;\infty[$

1. Die Exponentialfunktion $f(x) = c \cdot a^x$

177 1. a)

t	0	1	2	3
N	300	450	675	1013

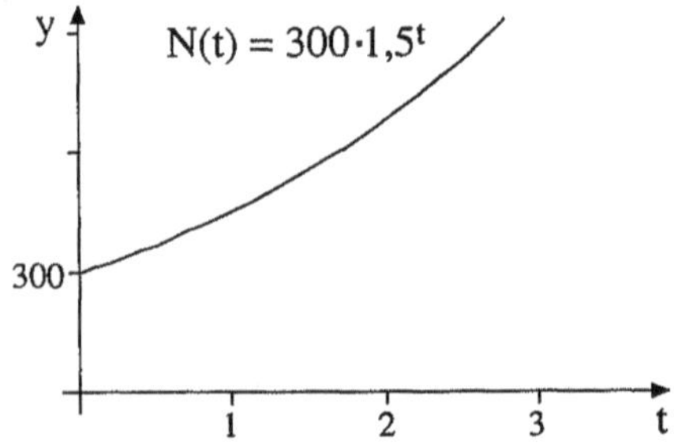

b) $N(t) = 300 \cdot 1{,}5^t$

c) $N(10) \approx 17300$ Bakterien

2. Wachstumsfunktion: $N(t) = 50 \cdot 1{,}02^t$
Bevölkerungszahl nach 10 Jahren:
$N(10) \approx 60{,}9$ Mio Einwohner
Bevölkerungszahl 100: $100 = 50 \cdot 1{,}02^t : t = \frac{\log 2}{\log 1{,}02} \approx 35$ Jahre

178 3. Abnahmefunktion: $U(t) = 200 \cdot 0{,}97^t$
Spannung nach 10 Sekunden: $U(10) \approx 147{,}5$ V
Spannung nach 1 Minute: $U(60) \approx 32{,}2$ V
Halbe Spannung: $100 = 200 \cdot 0{,}97^t : t = \frac{\log 0{,}5}{\log 0{,}97} \approx 22{,}8$

179 4. a) b) c) d)

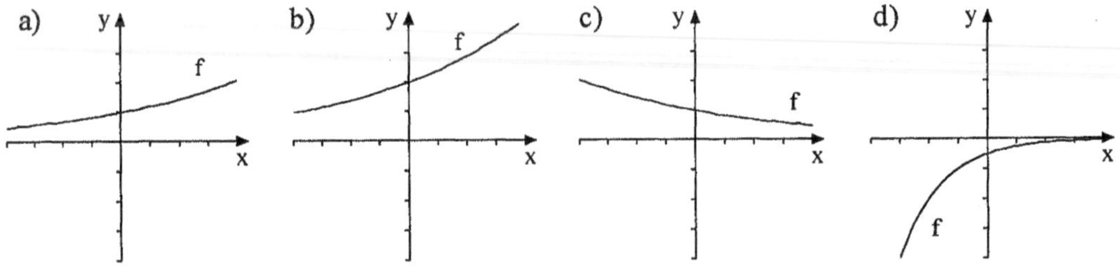

180 5. Nur bei b, d und h handelt es sich um reine Exponentialfunktionen.

6. Wachstumsprozesse: a), c) und f) ; Zerfallsprozesse: b), d) und e)

7. a) $f(x) = 5 \cdot 3^x$ b) $f(x) = \frac{3}{4} \cdot 2{,}5^x$ c) $f(x) = 4 \cdot (\frac{1}{4})^x$
d) $f(x) = 2 \cdot 4^x$ e) $f(x) = \frac{1}{6} \cdot 3^x$ f) $f(x) = \frac{4}{3} \cdot 3^x$

8. Die Funktionen von a) und d), die von b) und e), die von c) und h) sowie die von f) und g).

9. a) $[1; \infty[$ b) $[-1{,}5; \infty[$ c) $[-2; \infty[$ d) $]-\infty; 4]$

10. a) streng monoton fallend b) streng monoton steigend
c) streng monoton steigend d) streng monoton steigend
e) streng monoton steigend (wg –) f) streng monoton fallend (wg –)

11. I beschreibt D. II beschreibt A. III beschreibt C. IV beschreibt B.

12. a) $f(x) = 25 \cdot 1{,}02^x$, nach 10 Jahren sind es ca. 30,47 Mio Einwohner.
b) $f(x) = 100 \cdot 0{,}945^x$, nach ca. 12,25 Jahren ist nur noch die Hälfte vorhanden.
c) $f(x) = 1000 \cdot 1{,}03^x$, $f(5) - f(4) \approx 33{,}77$ Euro Zinsgewinn für das 5. Jahr.

2. Logarithmen

1. a) 4 b) 6 c) –3 d) nicht möglich 181

2. a) $10^3 = 1000$, $10^{3,5} \approx 3162$, $10^{3,3} \approx 1995$, $10^{3,305} \approx 2018$, $10^{3,301} \approx 2000$ 182
   b) $10^{0,301} \approx 2$ c) $10^{-0,3} \approx 0,5$ d) nicht möglich, da $-3 < 0$

3. a) 0,699 b) 1,699 c) –1,301 d) nicht möglich

4. a) $\log 100 = 2$ b) $\log 2500 - 2\log 5 = \log 2500 - \log 25 = \log 100 = 2$ 183
   c) $\log 5^4 + \log 2^4 = \log 10^4 = 4$

5. $z = \log \frac{u}{v}$, $s = \log u$, $t = \log v$
   $\Rightarrow \quad 10^z = \frac{u}{v} = \frac{10^s}{10^t} = 10^{s-t} \quad \Rightarrow \quad z = s - t \quad \Leftrightarrow \quad \log \frac{u}{v} = \log u - \log v$

6. a) $x \cdot \log 8 = \log 2$, $x = \frac{\log 2}{\log 8} = \frac{1}{3}$ b) $4^x = 32$, $x = \frac{\log 32}{\log 4} = 2,5$ 184
   c) $\log(x+5) = 2$, $x = 10^2 - 5 = 95$

7. a) $1000 = 10^3$ b) $1 = 10^0$ c) $\sqrt{10} = 10^{0,5}$ d) $0,1 = 10^{-1}$ 185
   e) $\frac{1}{100} = 10^{-2}$ f) $\sqrt[3]{100} = 10^{2/3}$

8. a) 4 b) 1 c) –2 d) 5
   e) –3 f) $\frac{3}{2}$

9. a) 0,301 b) 0,699 c) 0,5 d) 4,491
   e) –0,368 f) 0,849 g) 0,1 h) 0,061
   i) 25 j) 10^{10}

10. a) positiv b) positiv c) positiv d) null
    e) positiv f) null g) positiv h) positiv

11. b) Error d) Error j) Error

12. a) $\log 5x = \log 5 + \log x$ b) $\log \frac{x}{3} = \log x - \log 3$
    c) $\log \frac{10x}{3} = \log 10 + \log x - \log 3$ d) $\log(xyz) = \log x + \log y + \log z$

13. a) $\log x^2 = 2\log x$ b) $\log 2^x = x\log 2$ c) $\log \sqrt[3]{x} = \frac{1}{3}\log x$ d) $\log \frac{1}{x^2} = -2\log x$

185 14. a) $\log x$ b) $\log x^3 - \log x^4 + \log x^{12} = \log x^{11}$

c) $\log x^3 - \log x^6 + \log x^3 + \log(6x+3) = \log(6x+3)$

d) $\log(x-1) + \log(x+1)^2 - \log(x-1) - \log(x+1) = \log(x+1)$

15. a) $\log 100 = 2$ b) $\log 1000 = 3$ c) $\log 1000 = 3$ d) $\log 10000 = 4$

e) $\log 100 = 2$ f) $\log 1 = 0$

16. a) $\log a^2 - \log a^3 + 1 + \log a = 1$ b) $\log \frac{1}{2} + \log \frac{3}{a} = \log \frac{3}{2a}$

c) $2\log a^{-1} = -2\log a$ d) $\log \frac{a^5 \cdot b^{10}}{b^9 \cdot a^3 \cdot a} = \log(ab)$

e) $a + b$ f) $-a^2 + 8a - 3a^2 + 3ab = -4a^2 + 8a + 3ab$

186 17. a) $x = \frac{\log 78125}{\log 5} - 1 = 6$ b) $2^x = 106$, $x \approx 19{,}932$

c) $14^x = 38416$, $x = \frac{\log 38416}{\log 14} \approx 2{,}449$ d) $5^x(25+1) = 58{,}14$, $x = \frac{\log\frac{58{,}14}{26}}{\log 5} \approx 0{,}5$

18. a) $5^x(5^x-4) = 0$, $5^x = 4$, $x = \frac{\log 4}{\log 5} \approx 0{,}861$

b) $u^2 - 4u + 3 = 0$, $u = 2 \pm \sqrt{1} \begin{cases} = 3, & 3^x = 3, x = 1 \\ = 1, & 3^x = 1, x = 0 \end{cases}$

c) $u^2 - 6u + 8 = 0$, $u = 3 \pm \sqrt{1} \begin{cases} = 4, & 2^x = 4, x = 2 \\ = 2, & 2^x = 2, x = 1 \end{cases}$

d) $\frac{3}{u} + u = 4$, $u^2 - 4u + 3 = 0$, $u = 2 \pm \sqrt{1} \begin{cases} = 3, & 9^x = 3, x = 0{,}5 \\ = 1, & 9^x = 1, x = 0 \end{cases}$

19. a) $\log(x^{10}) = 5$, $x^{10} = 10^5$, $x = \sqrt{10} \approx 3{,}162$

b) $4x = 10^2$, $x = 25$

c) $\log 4 - \log x = \log x + \log 4$, $0 = \log(x^2)$, $x = 1$

d) $\log(x^2-13x+22) = 1$, $x^2-13x+22 = 10$, $x = 6{,}5 \pm\sqrt{30{,}25} = 12$

Für die zweite Lösung $x = 1$ ist der Term wegen $1-2 < 0$ nicht definiert.

e) mit $1 = \log 10$: $\log(x^2) = \log(20x-100)$, $x^2 - 20x + 100 = 0$, $x = 10$

20. a) Nach jedem Jahr ist das Kapital um das 0,035-fache auf das 1,035–fache des Jahresanfangskapitals gewachsen. Nach zwei Jahren also auf das $1{,}035^2$–fache. 5000Euro wachsen so nach t Jahren um das $1{,}035^t$-fache auf $5000 \cdot 1{,}035^t$ Euro.

b) Verdopplung: $10000 = 5000 \cdot 1{,}035^t$, $t = \frac{\log 2}{\log 1{,}035} \approx 20{,}15$: Nach ca. 20 Jahren.

50000 Euro: $50000 = 5000 \cdot 1{,}035^t$, $t = \frac{\log 10}{\log 1{,}035} \approx 66{,}933$: Nach ca. 67 Jahren.

21. a) 5 b) 7 c) 3 d) –1

22. a) $\log_2 10 = \frac{\log 10}{\log 2} \approx 3{,}322$ b) $\log_2 50 = \frac{\log 50}{\log 2} \approx 5{,}644$

c) $\log_5 50 = \frac{\log 50}{\log 5} \approx 2{,}431$ d) $\log_{16} 64 = \frac{\log 64}{\log 16} = 1{,}5$

23. a) $\log_a r = x \quad |$ Potenzieren zur Basis a 186

$a^{\log_a r} = a^x \quad |$ Potenzgesetz (5)

$r = a^x \quad |$ Logarithmieren zur Basis 10

$\log r = \log a^x \quad |$ Potenzgesetz (3)

$\log r = x \cdot \log a \quad |$ nach x auflösen

$x = \frac{\log r}{\log a} \quad |$ x durch $\log_a r$ ersetzen

$\log_a r = \frac{\log r}{\log a}$

3. Rechnen mit Exponentialfunktionen

188 1. a) $f(x) = 8$: $\frac{1}{32} \cdot 4^x = 8$, $4^x = 256$, $x = 4$

b) $g(x) = 0{,}25 \cdot 2^x$

$f(x) = g(x)$: $0{,}25 \cdot 2^x = \frac{1}{32} \cdot 4^x$ führt auf $8 = 2^x$, $x = 3$, $y = 2$, $S(3|2)$

189 2. a) P liegt auf f, Q liegt nicht auf f. b) P liegt nicht auf f, Q liegt auf f.
c) P liegt nicht auf f, Q liegt auf f. d) P und Q liegen auf f.

3. a) $4 = 2 \cdot 4^x$, $x = 0{,}5$ b) $125 = 5^x$, $x = 3$ c) $\frac{9}{4} = (\frac{3}{2})^x$, $x = 2$

4. a) $\frac{1}{3} \cdot 3^x = \frac{1}{27} \cdot 9^x$, $9 = 3^x$, $x = 2$ b) $2 \cdot (\frac{1}{2})^x = 16 \cdot (\frac{1}{4})^x$, $8 = 2^x$, $x = 3$

c) $\frac{3}{2} \cdot (\frac{2}{3})^{-x} = 6 \cdot 3^x$, $\frac{1}{4} = 2^x$, $x = -2$

5. a) $f(x) = \frac{1}{4} \cdot (\frac{1}{16})^x$ b) $f(x) = 12 \cdot 2^x$ c) $f(x) = 4 \cdot 0{,}5^x$

6. a) $f_I(x) = 200 \cdot 1{,}16^x$, $f_I(10) \approx 882{,}29$; $f_{II}(x) = 400 \cdot 1{,}12^x$, $f_{II}(10) \approx 1242{,}34$
Population I hat nach 10 Tagen ca. 882 Bakterien, Population II ca. 1242 Bakterien.

b) $1000 = 200 \cdot 1{,}16^x$, $x = \frac{\log 5}{\log 1{,}16} \approx 10{,}84$, $1000 = 400 \cdot 1{,}12^x$, $x = \frac{\log 2{,}5}{\log 1{,}12} \approx 8{,}09$

Population I hat nach 10,84 Tagen, Population II nach 8,09 Tagen die Stärke 1000.

c) $200 \cdot 1{,}16^x = 400 \cdot 1{,}12^x$, $2 = (\frac{1{,}16}{1{,}12})^x$, $x = \frac{\log 2}{\log \frac{1{,}16}{1{,}12}} \approx 19{,}75$

Nach 19,75 Tagen haben beide Populationen mit ca. 3750 Bakterien gleichen Bestand.

7. Die Funktion $f(x) = 100 \cdot 1{,}2^x$ erüllt Tabelle 1. $f(x) = 1000$ für $x \approx 12{,}63$
Die Funktion $f(x) = 50 \cdot 1{,}8^x$ erüllt Tabelle 2. $f(x) = 1000$ für $x \approx 5{,}10$
Die Funktion $f(x) = 100 \cdot 1{,}4^x$ erüllt Tabelle 3. $f(x) = 1000$ für $x \approx 6{,}84$

8. a) $N(t) = 20000 \cdot 0{,}99^x$
b) $N(2) = 19602$, das sind 398 Eisbären weniger in den ersten 2 Jahren.

c) $15000 = 20000 \cdot 0{,}99^x$, $x = \frac{\log 0{,}75}{\log 0{,}99} \approx 28{,}62$

Nach ca. 29 Jahren wird der Bestand auf 15000 Bären gesunken sein.

4. Untersuchung exponentieller Prozesse

1. Halbwertszeit: $T_{1/2} = \frac{\log 0{,}5}{\log 0{,}96} \approx 16{,}98$ Minuten 190

   Viertelung: Nach zwei Halbwertszeiten, also nach ca. 33,96 Minuten

2. a) Lettland: $f(t) = 2{,}4 \cdot 0{,}994^t$ 191

   Gazastreifen: $g(t) = 1{,}2 \cdot 1{,}035^t$

   Gleiche Einwohnerzahl: ca. 17,15 Jahre

   b) Togo: $1{,}027^t = 2$, $t \approx 26{,}02$ Jahre

   Gaza: $1{,}035^t = 2$, $t \approx 20{,}15$ Jahre

3. $\frac{h(1)}{h(0)} = 0{,}78$, $\frac{h(2)}{h(1)} \approx 0{,}77$, $\frac{h(3)}{h(2)} \approx 0{,}79$, $\frac{h(4)}{h(3)} \approx 0{,}79$ 192

   Die Quotienten stimmen nahezu überein, also liegt ein exponentieller Prozess vor.
   Funktionsgleichung: $K(t) = 200 \cdot 0{,}78^t$

   Halbwertszeit: $T_{1/2} = \frac{\log 0{,}5}{\log 0{,}78} \approx 2{,}79$ Stunden

   Wirksamkeitszeit: $30 = 200 \cdot 0{,}78^t$, $t = \frac{\log \frac{30}{200}}{\log 0{,}78} \approx 7{,}64$ Stunden

   Nach ca. 7,64 Stunden endet die Schmerzstillung.

4. a) Vaters Lohnvorschlag: $L_1(t) = 3 + 2t$, t in Tagen, L_1 in Euro, Lohn bis zum Tag t. 193
   Er bekommt pro Tag 2 Euro, einmalig aber 5 Euro am ersten Tag.
   Vorschlag von Hans: $L_2(t) = 0{,}01 \cdot 2^{t-1}$, t in Tagen, L_2 in Euro, Lohn am Tag t.
   Er möchte 0,01 Euro für den 1. Tag, Verdoppelung ab dem 2. Tag

   b) Lohn nach einer Woche: $L_1(7) = 17$ E, $L_2(1) + \ldots + L_2(7) = 1{,}27$
   Lohn nach zwei Wochen: $L_1(14) = 31$ E, $L_2(1) + \ldots + L_2(14) = 163{,}83$

5. Ackermann: $W_A(t) = 100000 \cdot 0{,}86^t$ 194

   Werthalbierung: $T_{1/2} = \frac{\log 0{,}5}{\log 0{,}86} \approx 4{,}60$ Jahre

   Nach ca. 4,6 Jahren hat sich der Wert des Autos halbiert.

   Wert unter 1000: $1 = 100 \cdot 0{,}86^t$, $t = \frac{\log 0{,}01}{\log 0{,}86} \approx 30{,}53$ Jahre

   Erst nach ca. 30,53 Jahren sinkt der Wert des Autos unter 1000 Euro.

   Westerwald: $W_W(t) = 50000 \cdot 0{,}91^t$

   gleicher Wert: $100000 \cdot 0{,}86^t = 50000 \cdot 0{,}91^t$, $2 = (\frac{0{,}91}{0{,}86})^t$, $t = \frac{\log 2}{\log(0{,}91/0{,}86)} \approx 12{,}27$

   Nach ca. 12,27 Jahren besitzen beide Autos den gleichen Wert.
   Ackermann: fiskalischer Restwert < realer Restwert: Probieren: im 6. Jahr

195 6. a) Ansatz: $1500 = 1 \cdot a^6$, $a \approx 3{,}38$

$N(t) = 100 \cdot 3{,}38^t$

b) $1000000 = 100 \cdot 3{,}38^t$, $t = \frac{\log 10000}{\log 3{,}38} \approx 7{,}56$

$1000000000 = 100 \cdot 3{,}38^t$, $t = \frac{\log 10000000}{\log 3{,}38} \approx 13{,}23$

Die Millionengrenze wird nach ca. 7,56 Stunden, die Milliardengrenze wird nach 13,23 Stunden überstiegen.

c) Verdopplungszeit: $T_2 = \frac{\log 2}{\log 3{,}38} \approx 0{,}57$ Stunden, das sind ca. 34 Minuten.

7. a) $p(x) = 1013 \cdot 0{,}88^x$, x Höhe über Meereshöhe in km

b) Zugspitze: $p(3) = 1013 \cdot 0{,}88^3 \approx 690{,}33$ mbar

Mount Everest: $p(8{,}9) = 1013 \cdot 0{,}88^{8{,}9} \approx 324{,}72$ mbar

c) $T_{1/2} = \frac{\log 0{,}5}{\log 0{,}88} \approx 5{,}422$ km

d) Ansatz: $400 = 1013 \cdot 0{,}88^x$, $x = \frac{\log \frac{400}{1013}}{\log 0{,}88} \approx 7{,}2689$

Die maximale Höhe beträgt ca. 7269 m.

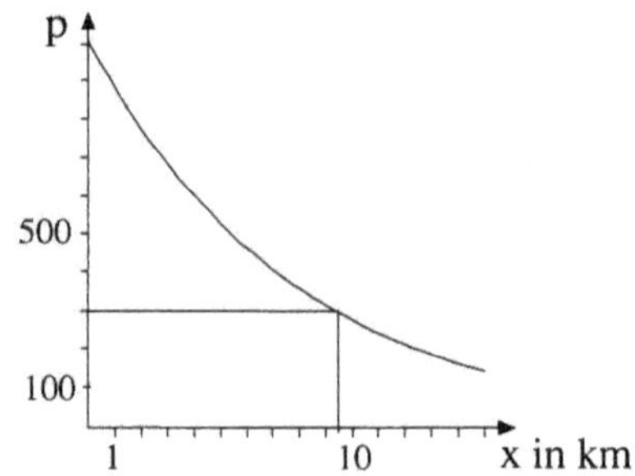

8. $P(t) = c \cdot a^t$, P: Promille, t: Zeit in Stunden

$P(5) = 0{,}7$, $P(6) = 0{,}6$; $a \approx 0{,}86$

$P(5) = 0{,}7$: $0{,}7 = c \cdot 0{,}86^5$, $c = \frac{0{,}7}{0{,}86^5} \approx 1{,}488$

exp. Abnahme: $P(0) = 1{,}488$ Promille zur Unfallzeit

lin. Abnahme: $P(t) = c - 0{,}1t$, $P(5) = 0{,}7$: $0{,}7 = c - 0{,}5$, $c = 1{,}2$ Promille zur Unfallzeit

9. a) $H(x) = 100 \cdot a^x$, H: Helligkeit, x: Tiefe in Meter

$H(16) = 15\,\%$: $15 = 100 \cdot a^{16}$, $\log a = \frac{\log 0{,}15}{16} \approx -0{,}05$, $a = 10^{-0{,}05} \approx 0{,}89$

Resultat: $H(x) = 100 \cdot 0{,}89^x$

b) Ansatz: $0{,}1 = 100 \cdot 0{,}89^x$, $x = \frac{\log 0{,}001}{\log 0{,}89} \approx 59{,}28$

Der Taucher ist in ca. 60 mTiefe.

10. a) $K(t) = 50 \cdot 0{,}79^{t-1}$

196 b) Ansatz: $10 = 50 \cdot 0{,}79^{t-1}$

$t - 1 = \frac{\log 0{,}2}{\log 0{,}79} \approx 6{,}83$

Die Wirkung bleibt 6,83 Stunden, nämlich von t = 1 bis t = 7,83.

c) Der zusätzliche Effekt setzt ab t = 5 ein:

$K_1(t) = 50 \cdot 0{,}79^{t-1} + 50 \cdot 0{,}79^{t-5}$

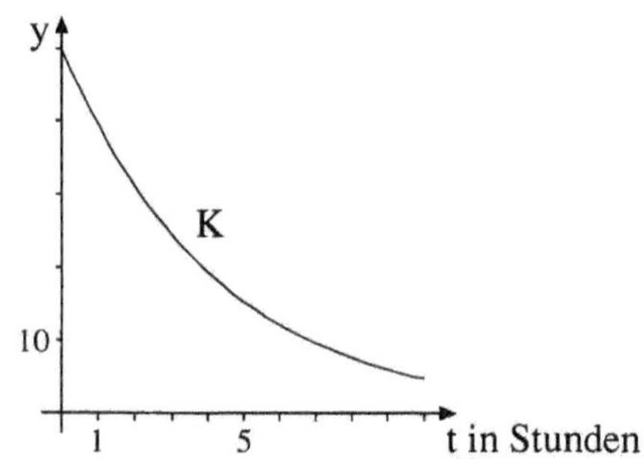

Ansatz: $10 = 50 \cdot 0{,}79^{t-1} + 50 \cdot 0{,}79^{t-5}$, $10 = 0{,}79^t(63{,}29 + 162{,}49)$, $t = \frac{\log \frac{10}{225{,}78}}{\log 0{,}79} \approx 13{,}22$

Die Wirkung bleibt jetz ca. 12,22 Stunden erhalten, von t = 1 bis t = 13,22.

11. a)

t	1	2	3	4	5	6	7	8	9	10	11	12	196
T_E	11,5	13	14,5	16	17,5	19	20,5	22	23,5	25	26,5	28	
T_P	11	12,1	13,3	14,64	16,1	17,72	19,49	21,44	23,58	25,94	28,53	31,38	

b) Jahrestaschengeld bei T_E: Zeilensumme: 237 Euro
Jahrestaschengeld bei T_P: Zeilensumme: 235 Euro

c) $t = 30$ ist der letzte Monat in 2,5 Jahren.
$T_E(t) = 10 + 1{,}5t$, $T_E(30) = 55$ Euro
$T_P(t) = 10 \cdot 1{,}1^t$, $T_P(30) = 174{,}49$ Euro

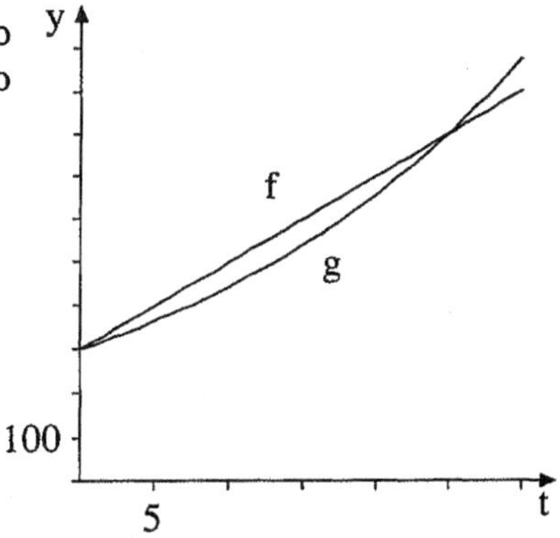

12. a) $f(t) = 300000 + 20000t$, $g(t) = 300000 \cdot 1{,}04^t$

b) $f(20) = 700000$, $g(20) \approx 657337$

c) Durch Probieren: Nach 25 Jahren gilt:
$f(25) = 800000 \approx g(25) \approx 799751$

d) Ansatz: $300000 + a \cdot 30 > 300000 \cdot 1{,}04^{30}$
$a > 22434$
Der jährliche Wertzuwachs müßte mindestens 22434 Euro betragen.

13. a) $K(t) = 1200 + 200t$ 197
Kiesgrube nach 5 Wochen: $K(5) = 2200 m^2$ bzw. nach 10 Wochen: $K(10) = 3200\ m^2$

b) $A(t) = 10 \cdot 2^t$
Algengröße nach 5 Wochen: $A(5) = 320\ m^2$ bzw. nach 10 Wochen: $A(10) = 10240\ m^2$
Rechnerischer Wert, Algenfläche kann natürlich nicht größer als die Seefläche sein.
Ansatz: $600 + 100t = 10 \cdot 2^t$, bzw. $60 + 10t - 2^t = 0$
Probieren: Nach ca. 7 Wochen ist der See halb mit Algen bedeckt.

c) Ansatz: $1200 + 200t = 10 \cdot 2^t$, bzw. $120 + 20t - 2^t = 0$, aus a) und b) folgt: $5 < t < 10$
Probieren: $t \approx 8{,}144 \approx 8$ Wochen und ein Tag

14. a) Ansatz: $K(t) = 10 \cdot a^t$ mit $8{,}5 = 10 \cdot a^2$ folgt $\log a = \frac{\log 0{,}85}{2}$, $a \approx 10^{\frac{\log 0{,}85}{2}} \approx 0{,}922$
Resultat: $K(t) = 10 \cdot 0{,}922^t$

b) $T_{1/2} = \frac{\log 0{,}5}{\log 0{,}922} \approx 8{,}54$ Stunden

c) Eine weitere Tablette muss genommen werden, wenn die Konzentration von 10 auf 5 gefallen ist, d.h. sich halbiert hat. Der nächste Einnahmezeitpunkt wäre nach der gleichen Zeit, was wiederum eine Halbierung bedeutet.
Resultat: Die Plasmakonzentration sinkt beim Vergessen einer Einnahme auf 2,5 µg/ml.

15. a) a: Abnahmefaktor (der Nichtkenner)
b: Grenzwert des Wachstums
c: Anfangswertparameter (kennen Gerücht nicht)

b) 9 Uhr: $N(1) \approx 204$ Schüler kennen das Gerücht.
12 Uhr: $N(4) \approx 592$ Schüler kennen das Gerücht.
17 Uhr: $N(9) \approx 866$ Schüler kennen das Gerücht.

$500 = 1000 - 995 \cdot 0{,}8^t$, $995 \cdot 0{,}8^t = 500$, $t = \frac{\log \frac{500}{995}}{\log 0{,}8} \approx 3{,}08$ h

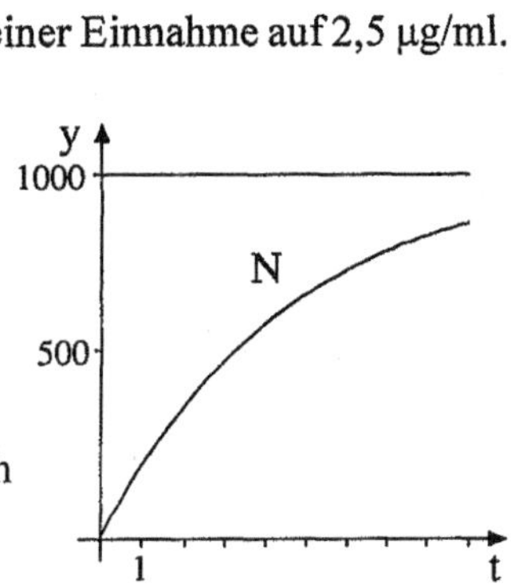

c) 5 Schüler streuten das Gerücht.

d) Bei größerem Abnahmefaktor der Nichtkenner
verbreitet sich das Gerücht langsamer: $T_{1/2} = \frac{\log \frac{500}{995}}{\log 0{,}9} \approx 6{,}53$ Stunden

Experimente

198 1. a) Im Mittel halbiert sich die Anzahl der Münzen, die Zahl zeigen, nach jedem Versuch.
b) Funktion: $N(n) = 100 \cdot a^n$, mit $a \approx 0,5$
c) $N(n) = 60 \cdot a^n$, mit $a \approx 0,5$
d) allgemein: $N(n) = c \cdot a^n$, c ist die Anzahl der zu Beginn des Versuchs vorhandenen Münzen. a beschreibt die Zerfallsrate (Anzahl der Münzen mit Zahl) pro Durchgang.

2. Individuelles Experiment
Es wird exponentelles Wachstum erwartet.
Jedenfalls für einen gewissen Zeitraum, schließlich klingt dieser Prozess ab.

199 3. Es wird ein exponentieller Prozess erwartet: $f(x) = ca^x$.
Hierbei steht c für die Anfangshöhe, also $c = 2$.
Die Basis a ist abhängig von der Beschaffenheit des Superballes. Es gilt $0 < a < 1$. Je elastischer der Ball, um so dichter bei 1 liegt die Basis a.
Im Aufgabenteil g) ist $c = 1,7$ zu wählen.

4. Auch hier ist ein exponentieller Prozess zu erwarten: $f(x) = ca^x$.
c steht hier für die Anfangshöhe des Bierschaumes. Die Geschwindigkeit, mit der die Schaumkrone abnimmt, ist abhängig von der Biersorte sowie von der Biertemperatur. Hier gilt es, den Versuch zunächst zu hause auszuprobieren und gegebenenfalls die Ablesezeit dem Schaumzerfall anzupassen, also gegebenenfalls nicht alle 30 sondern alle 10 Sekunden abzulesen.

5. Die Umkehrfunktion zu $f(x) = 10^x$

1. a) $x = 10^{-2} = 0{,}01$ b) $x = 10^{10} = 10000000000$ 200
   c) $x = 10^{1,5} \approx 31{,}62$ d) $x = 10^{2,5} \approx 316{,}23$

2. a) $U = 2\pi r \approx 40000\text{ km} = 4000000000\text{ cm}$, $h = \log 4000000000 \approx 9{,}602\text{ cm}$ 201
   b) Nach 2 Umrundungen: $h = \log 8000000000 \approx 9{,}903$
   Alternative Rechnung:
   $\log 8000000000 = \log(2 \cdot 4000000000) = \log 4000000000 + \log 2 \approx 9{,}602 + 0{,}301\text{ cm}$
   c) Nach 10 Umrundungen beträgt die Höhe $\log 40000000000 \approx 10{,}602$ cm.
   Nach 11 Umrundungen sind es $\log 44000000000 \approx 10{,}643$ cm.
   Der Höhengewinn von der 10. zur 11. Umrundung beträgt also nur 0,41 mm.

3.
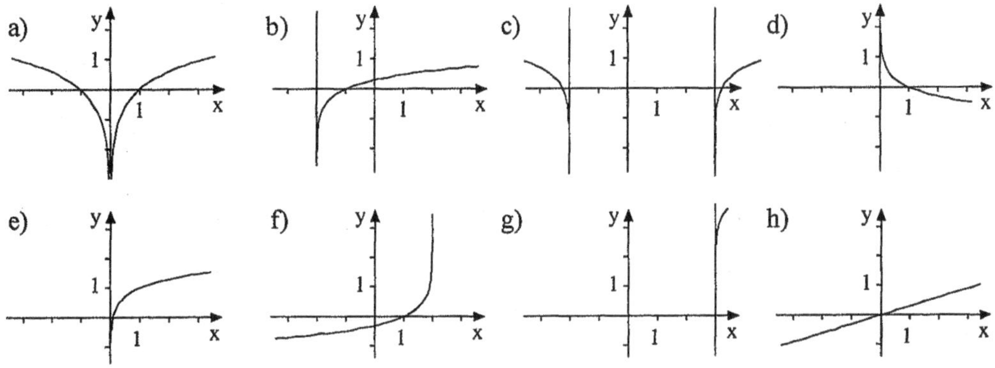

a) Der Graph ist für $x \neq 0$ definiert.
Er ist für $x < 0$ streng monoton fallend und für $x > 0$ streng monoton steigend.
Für $x \to \pm\infty$ strebt der Graph gegen $+\infty$.
Er schmiegt sich an die x-Achse und hat die Nullstellen -1 und 1.

b) Der Graph ist für $x > -2$ definiert. Er ist streng monoton steigend.
Für $x \to \infty$ strebt der Graph gegen $+\infty$.
Er schmiegt sich an die senkrechte Gerade $x = -2$ und hat die Nullstelle -1.

c) Der Graph ist für $x < -2$ und $x > 2$ definiert.
Er ist für $x < -2$ streng monoton fallend und für $x > 2$ streng monoton steigend.
Für $x \to \pm\infty$ strebt der Graph gegen $+\infty$. Er schmiegt sich an die senkrechten Geraden $x = -2$ und $x = 2$ und hat die Nullstellen $-\sqrt{5}$ und $\sqrt{5}$.

d) Der Graph ist für $x > 0$ definiert. Er ist streng monoton fallend.
Für $x \to \infty$ strebt der Graph gegen $-\infty$.
Er schmiegt sich an die y-Achse und hat die Nullstelle 1.

e) Der Graph ist für $x > 0$ definiert. Er ist streng monoton steigend.
Für $x \to \infty$ strebt der Graph gegen $+\infty$.
Er schmiegt sich an die y-Achse und hat die Nullstellen 0,1.

f) Der Graph ist für $x < 2$ definiert. Er ist streng monoton steigend.
Für $x \to \infty$ strebt der Graph gegen $+\infty$.
Er schmiegt sich an die senkrechte Gerade $x = 2$ und hat die Nullstelle 1.

201 3. g) Der Graph ist für $x > 3$ definiert. Er ist streng monoton steigend.
Für $x \to \infty$ strebt der Graph gegen $+\infty$.
Er schmiegt sich an die senkrechte Gerade $x = 3$ und hat die Nullstellen 3,0001.

h) Wegen $\log(2^x) = x \cdot \log 2$ handelt es sich um die Ursprungsgerade mit $m = \log 2$.
Also streng monoton steigend, für alle x definiert, Nullstelle 0.

4. a)

$y = 21 + 74 \cdot 10^{-0,04t}$	Variablentausch
$t = 21 + 74 \cdot 10^{-0,04y}$	nach y auflösen, 1. Schritt
$\frac{t-21}{74} = 10^{-0,04y}$	Logarithmieren
$\log\frac{t-21}{74} = -0,04y$	nach y auflösen, 2. Schritt
$y = -25 \cdot \log\frac{t-21}{74}$	Resultat: $T^{-1}(t) = -25 \cdot \log\frac{t-21}{74}$

b)

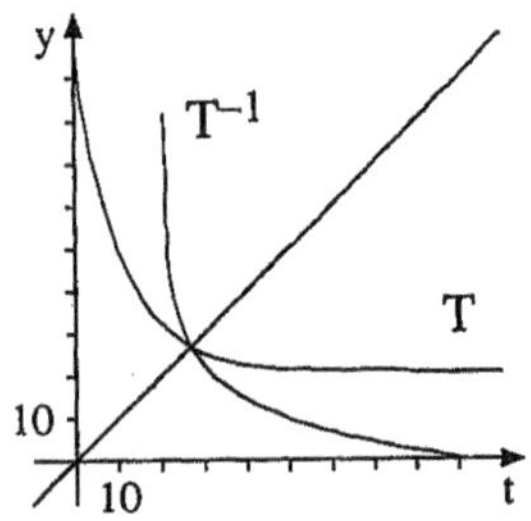

c) $65 = 21 + 74 \cdot 10^{-0,04t}$ $\quad t = \frac{\log\frac{44}{74}}{-0,04} \approx 5,64$ Minuten

5.

$y = 2 \cdot 0,95^n$	Variablentausch
$n = 2 \cdot 0,95^y$	$:2$
$0,5n = 0,95^y$	Logarithmieren
$\log(0,5n) = y \cdot \log 0,95$	nach n auflösen
$y = \frac{\log(0,5n)}{\log 0,95}$	Resultat: $h^{-1}(n) = \frac{\log(0,5n)}{\log 0,95}$ ist die Umkehrfunktion von h.

Höhe 10 cm:

Ansatz: $0,1 = 2 \cdot 0,95^n$ $\quad n = \frac{\log 0,05}{\log 0,95} \approx 58,40$

Der 59. Sprung unterschreitet die 10 cm–Marke.

202 Streifzug:

a) beide Achsen
b) y-Achse
c) beide Achsen
d) y-Achse
e) y-Achse
f) beide Achsen
g) beide Achsen
h) y-Achse

Test

1. a) Quotientenbildung: 204

$\frac{1,260}{1,2} = 1,05$, $\frac{1,323}{1,260} = 1,05$, $\frac{1,389}{1,323} \approx 1,05$, $\frac{1,459}{1,389} \approx 1,05$, $\frac{1,532}{1,459} \approx 1,05$

$w(t) = 1,2 \cdot 1,05^x$

b) $w(10) = 1,2 \cdot 1,05^{10} \approx 1,955$

c) $6 = 1,2 \cdot 1,05^x$, $x = \frac{\log 5}{\log 1,05} \approx 33$ Jahre dauert es.

d) $T_2 = \frac{\log 2}{\log 1,05} \approx 14,21$ Jahre ist beträgt die Verdoppelungszeit.

2. a) Wegen P gilt: $c = 4$. $Q(2|9)$: $9 = 4 \cdot a^2$, $a = 1,5$

b) Punktprobe A: $13,5 = 4 \cdot (\frac{3}{2})^3 = 13,5$ stimmt, A liegt auf f.

Punktprobe B: $40 = 4 \cdot (\frac{3}{2})^6 = 45,5625$ stimmt nicht, B liegt nicht auf f.

3. a) 50 ist der Anfangswert, d.h. zum Zeitpunkt $t = 0$ waren 50 mg im Körper.
0,8 ist der Zerfallsfaktor, d.h. mit diesem Faktor verringert sich stündlich die im Körper verbliebene Medikamentenmenge.

b) Pro Stunde werden 20 % des noch vorhandenen Wirkstoffes abgebaut.

c) Ansatz: $10 = 50 \cdot 0,8^t$, $t = \frac{\log 0,2}{\log 0,8} \approx 7,21$

Nach ca. 7,21 Stunden wird die 10 mg–Marke unterschritten.

4. a) $\log 100 = 2$ b) $\log 4 \approx 0,602$ c) $\log(\log(100^5) = \log 10 = 1$

d) $\log \frac{2}{10} \approx -0,70$ e) $\log \sqrt{100} = \log 10 = 1$

5. a) $x = \frac{\log 20}{\log 2} \approx 4,322$ b) $x = \log 3 + 1 \approx 1,477$

c) $\frac{1}{3} \cdot 3^x \cdot 5^x = 90$, $15^x = 270$, $x = \frac{\log 270}{\log 15} \approx 2,067$

d) $\log x = 1,5$, $x = 10^{1,5} \approx 31,62$

6. Definitionsmenge: $x > 2$

Wertemenge: $]-\infty;\infty[$

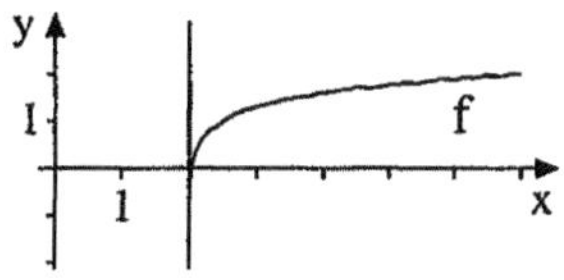

Umkehrfunktion:

$y = \log(2x-4) + 1$	Variablentausch
$x = \log(2y-4) + 1$	-1
$x - 1 = \log(2y-4)$	Potenzieren
$10^{x-1} = 2y - 4$	$+4$
$10^{x-1} + 4 = 2y$	$:2$
$y = 0,5 \cdot 10^{x-1} + 2$	Resultat: $f^{-1}(x) = 0,5 \cdot 10^{x-1} + 2$ ist die Umkehrfunktion von f.

1. Längen und Winkel im rechtwinkligen Dreieck

208 1.

$\alpha°$	$\sin\alpha$	$\cos\alpha$	$\tan\alpha$
20	0,34		
25		0,91	
35	0,57		0,70
40		0,77	

2. $\sin 50° = 0{,}77$; $\cos 50° = 0{,}64$; $\tan 50° = 1{,}19$

3.

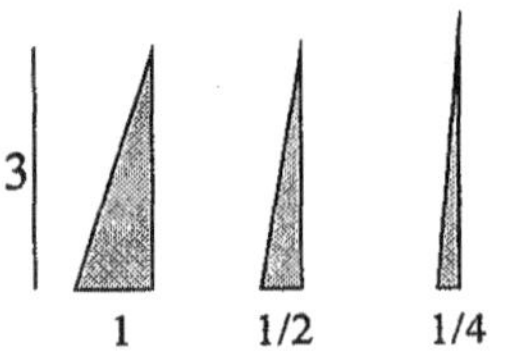

Für $\alpha \to 90°$
1. Gegenkathete und Hypotenuse stimmen immer überein, also $\sin 90° = 1$.
2. $\cos 90° = 0$, da Ankathete gegen null geht und Hypotenuse etwa gleich bleibt.
3. $\tan 90°$ nicht definiert: Division durch null ist nicht gestattet.

4. $(\cos 30°)^2 + (\frac{1}{2})^2 = 1$ (Pythagoras) $\Rightarrow$ $\cos 30° = \sqrt{\frac{3}{4}} = \frac{1}{2}\sqrt{3} \approx 0{,}8660$

209 5. a) $\sin 30° = 0{,}707$ b) $\cos 60° = 0{,}5$ c) $\tan 60° = 1{,}732$
d) $\alpha = 30°$ e) $\alpha = 30°$ f) $\alpha = 26{,}56°$
g) $\alpha = 6{,}98°$ h) $\alpha = 75{,}94°$ i) $\alpha = 45°$

210 6. a) $\sin 135° = 0{,}707$; $\cos 135° = -0{,}707$
b) $\tan 115° = -2{,}145$; $\tan 135° = -1$
c) $\sin 150° = 0{,}5$; $\cos 150° = -0{,}866$; $\tan 150° = -0{,}577$

7. $\tan(180°-\alpha) = \frac{\sin(180°-\alpha)}{\cos(180°-\alpha)} = \frac{\sin\alpha}{-\cos\alpha} = -\tan\alpha$
Betrachtungen am Einheitskreis.

211 8. a) 0,9848 b) −0,7660 c) −0,5774 d) −0,2588 e) −0,3420
f) −0,7071 g) −1 h) −0,5 i) −0,9848 j) 1
j) −0,7071 k) −0,8660

212 9. a) $a = \sqrt{24} \approx 4{,}90$; $\alpha = 44{,}4°$; $\beta = 45{,}6°$
b) $\beta = 50°$; $b = 5{,}96$; $c = 7{,}78$
c) $\beta = 70°$; $a = 3{,}42$; $b = 9{,}40$
d) $\alpha = 40°$; $b = 2\,98$; $c = 3{,}89$

213 10.

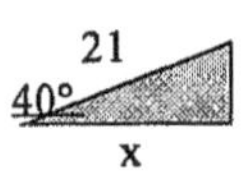

$x = \cos 40° \cdot 21 \approx 16{,}1\,\text{m}$
21 − 16,1 = 4,9 ; Freie Durchfahrt: 9,8 m

11. 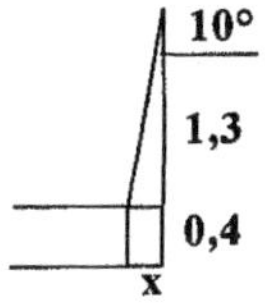

Eine größere maßstäbliche Zeichnung anfertigen und x ausmessen. 213

Rechnung: $\tan 10° = \frac{x}{1,3} \Rightarrow x \approx 0,23$

Minimale Entfernung: 23 cm

12. $\sin 0,5° = \frac{8}{l} \Rightarrow l = \frac{8}{\sin 0,5°} \approx 917\text{m}$ 214

Zeichnerische Lösung ist nicht sinnvoll (zu ungenau)

13. 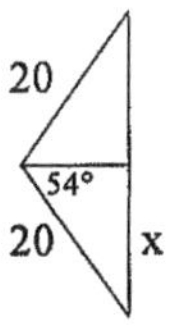

Innenwinkel im Pentagon: 108°
$x = 20\sin 54° = 16,18$
maximaler Abstand: $2x = 32,36$ m

14. a) 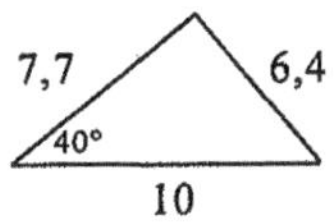

$\Rightarrow \sin 40° \approx 0,64$ 215
$\cos 40° \approx 0,77$
$\tan 40° \approx 0,83$

b) $\sin 50° = 0,7660$ $\cos 50° = 0,6428$ $\tan 50° = 1,1918$
$\sin 1° = 0,0175$ $\cos 1° = 0,9998$ $\tan 1° = 0,0175$

c) 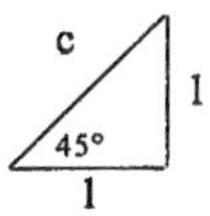

$\Rightarrow c = \sqrt{2} \Rightarrow \sin 45° = \frac{1}{\sqrt{2}}$
$\cos 45° = \frac{1}{\sqrt{2}}, \quad \tan 45° = \frac{1}{1} = 1$

d) $\alpha = 0°$ ist auf dem Einheitskreis der Punkt $P(1|0)$ zugeordnet
$\Rightarrow \sin 0° = 0, \cos 0° = 1, \tan 0° = 0$

15. a) $\alpha = 70°$ b) $\alpha = 10°$ c) $\alpha = 63,43°$ d) $\alpha = 86°$

16. a) $b = 3$; $\alpha = 53,13°$; $\beta = 36,87°$
b) $a = 6,06$; $b = 3,5$; $\alpha = 60°$
c) $c = 10$; $\alpha = 53,13°$; $\beta = 36,87°$
d) $a = 5,03$; $c = 7,83$; $\beta = 50°$

17. 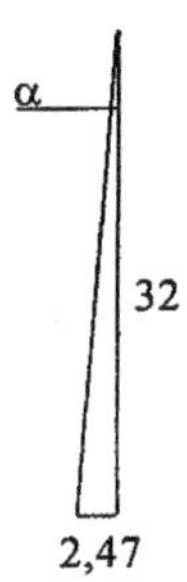

1. maßstäbliche Zeichnung anfertigen und α ausmessen
2. $\tan\alpha = \frac{2,47}{32} \approx 0,0772 \Rightarrow \alpha \approx 4,4°$

215 18. Höhe $h = 150 \sin \alpha + 0{,}75$

$\alpha = 60° \Rightarrow h = 129{,}9 + 0{,}75 = 130{,}65\,\text{m}$

19.1.

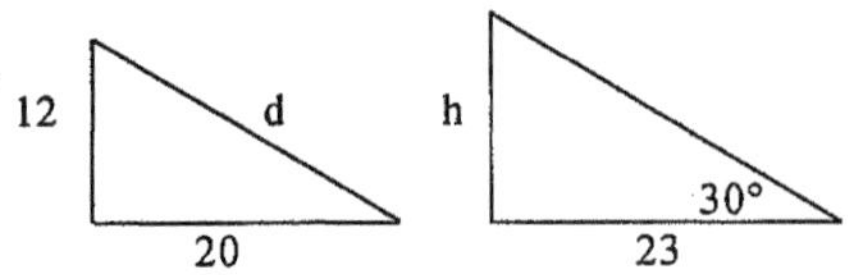

Eine etwas größere Zeichnung anfertigen und ausmessen: $d \approx 23$

Dann das Dreieck über der Diagonalen zeichnen und ausmessen: $h \approx 14$

2. $d = \sqrt{400 + 144} \approx 23{,}23$, $h = \tan 30° \cdot 23{,}23 \approx 13{,}47$

216 20. minimaler Abstand: $d_1 = 4 \cdot \cos 75° \approx 1{,}04\,\text{m}$

maximaler Abstand: $d_2 = 4 \cdot \cos 68° \approx 1{,}5\,\text{m}$

21. $h = 50 \cdot \tan 60° \approx 86{,}6\,\text{m}$

22. Das zweite Innenwinkelmaß beträgt 130°.

Also gilt: $h = 6 \cdot \cos 40° \approx 4{,}597$

$A = 10 \cdot h \approx 45{,}97$

23. a) Flächendiagonale $d = a \cdot \sqrt{2} \Rightarrow \tan \alpha = \frac{a}{a\sqrt{2}} = \frac{1}{\sqrt{2}} \Rightarrow \alpha \approx 35{,}3°$

b)

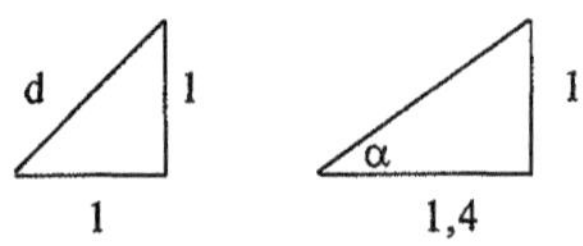

Maßstäbliche Zeichnung anfertigen
ausmessen: d = 1,4
Dreieck über der Diagonalen zeichnen
ausmessen α = 35°

24.

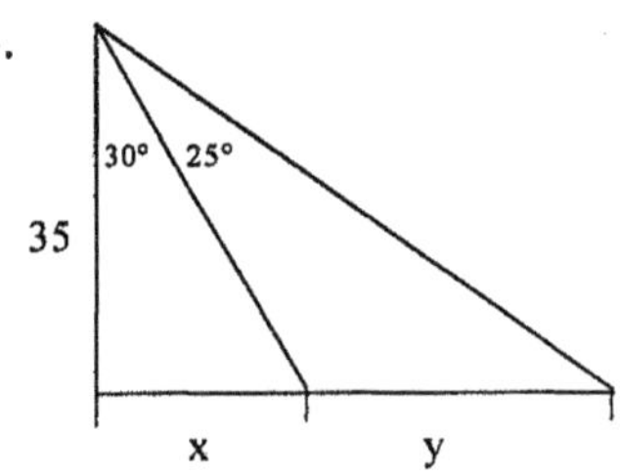

$x = \tan 30° \approx 20{,}2$

$x + y = \tan 55° \cdot 35 \approx 50$

$\Rightarrow$ Flussbreite $y \approx 29{,}8$

217 25. a)

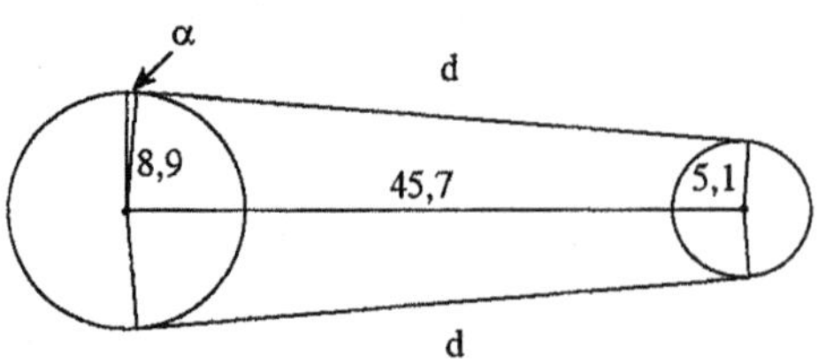

$l \approx 2 \cdot 45{,}7 + \pi \cdot 8{,}9 + \pi \cdot 5{,}1 \approx 135{,}38$

b) Die Kette besteht aus 2 geraden Stücken der Länge d und aus einem Kreisumfanganteil, der um 2α größer ist als ein Halbkreis sowie aus einem Umfanganteil, der um 2α kleiner ist als ein Halbkreis. 217

$d = \sqrt{45{,}7^2 + 5{,}1^2} \approx 45{,}54 \quad , \quad \sin\alpha = \frac{3{,}8}{45{,}7} \approx 0{,}83 \quad \Rightarrow \quad \alpha \approx 4{,}77°$

$l = 2 \cdot 45{,}54 + 2\pi \cdot 8{,}9 \cdot \frac{189{,}54}{360} + 2\pi \cdot 5{,}1 \cdot \frac{170{,}46}{360} \approx 135{,}69$

Die Resultate sind nahezu identisch. In der Näherungsberechnung werden zwei Halbkreise (also zu wenig) betrachtet, dafür wird statt d der etwas längere Abstand 45,7 benutzt. Das gleicht sich nahezu aus.

26.b) $h_1 = \tan 38° \cdot 500 \approx 390{,}6$
$y = 24/\sin 52° \approx 30{,}5$
Firsthöhe $h \approx 362{,}5 + 390{,}6 + 30{,}5 = 783{,}6$
(Skizze nicht maßstäblich)

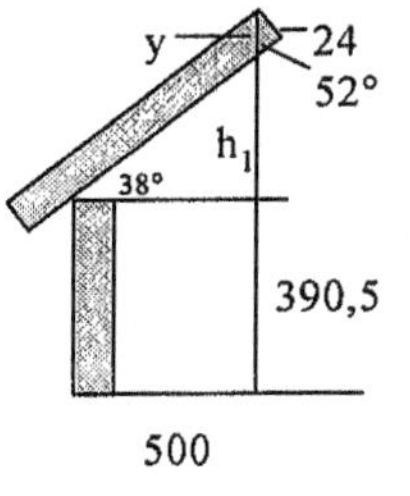

27.

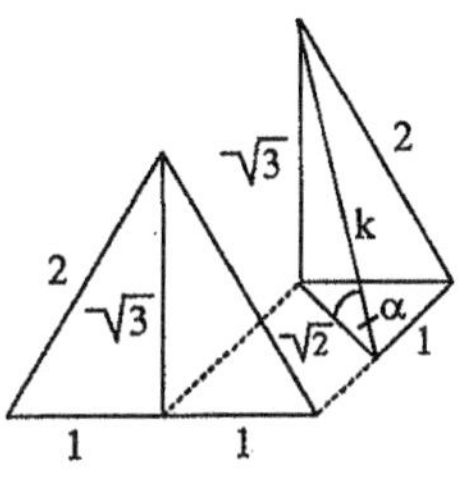

$k = 5$
$\alpha \approx 50{,}77°$

2. Eigenschaften von Sinus und Kosinus

1. a) $\tan\alpha = \frac{GK}{AK} = \frac{\frac{GK}{Hy}}{\frac{AK}{Hy}} = \frac{\sin\alpha}{\cos\alpha}$ 218

b) $\sin^2\alpha - \cos^2\alpha = \sin^2\alpha - (1 - \sin^2\alpha) = 2 \cdot \sin^2\alpha - 1$

c) $1 + \tan^2\alpha = 1 + \frac{\sin^2\alpha}{\cos^2\alpha} = \frac{\cos^2\alpha + \sin^2\alpha}{\cos^2\alpha} = \frac{1}{\cos^2\alpha}$

2. $\cos\alpha \cdot (1 + \tan^2\alpha) = \cos\alpha \cdot \frac{1}{\cos^2\alpha} = \frac{1}{\cos\alpha}$

$\frac{\cos(90° - \alpha) - 1}{1 + \sin(-\alpha)} = \frac{\sin\alpha - 1}{1 - \sin\alpha} = -1$

219 3. a)

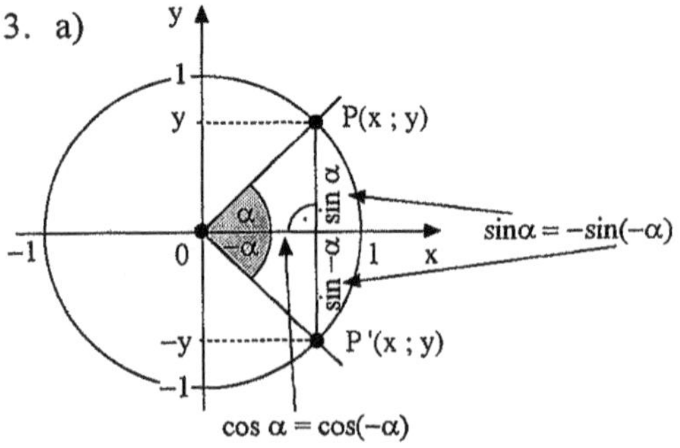

b) $\sin(\alpha+90°) = \sin\alpha \cdot \underbrace{\cos 90°}_{=0} + \cos\alpha \cdot \underbrace{\sin 90°}_{=1}$

$= \cos\alpha$

$\cos(\alpha+90°) = \cos\alpha \cdot \underbrace{\cos 90°}_{=0} - \sin\alpha \cdot \underbrace{\sin 90°}_{=1}$

$= -\sin\alpha$

4. a) $\sin(\alpha+\alpha) = \sin\alpha\cdot\cos\alpha + \cos\alpha\cdot\sin\alpha = 2\sin\alpha\cdot\cos\alpha$

b) $\cos(\alpha+\alpha) = \cos\alpha\cdot\cos\alpha - \sin\alpha\cdot\sin\alpha = \cos^2\alpha - \sin^2\alpha$

c) $\cos(2\alpha) = \cos^2\alpha - \sin^2\alpha = \cos^2\alpha - (1-\cos^2\alpha) = 2\cos^2\alpha - 1$

$\cos(2\alpha) = \cos^2\alpha - \sin^2\alpha = (1-\sin^2\alpha) - \sin^2\alpha = 1 - 2\sin^2\alpha$

5. a) $\sin(\alpha+(-\beta)) = \sin\alpha\cdot\underbrace{\cos(-\beta)}_{=\cos\beta} + \cos\alpha\cdot\underbrace{\sin(-\beta)}_{=-\sin\beta} = \sin\alpha\cdot\cos\beta - \cos\alpha\cdot\sin\beta$

b) $\cos(\alpha+(-\beta)) = \cos\alpha\cdot\underbrace{\cos(-\beta)}_{=\cos\beta} + \sin\alpha\cdot\underbrace{\sin(-\beta)}_{=-\sin\beta} = \cos\alpha\cdot\cos\beta + \sin\alpha\cdot\sin\beta$

220 6. a) $\sin(\alpha-90°) = \sin\alpha\cdot\underbrace{\cos 90°}_{=0} - \cos\alpha\cdot\underbrace{\sin 90°}_{=1} = -\cos\alpha$

b) $\cos(\alpha-90°) = \cos\alpha\cdot\underbrace{\cos 90°}_{=0} + \sin\alpha\cdot\underbrace{\sin 90°}_{=1} = \sin\alpha$

c) $\sin(\alpha+180°) = \sin\alpha\cdot\underbrace{\cos 180°}_{=-1} - \cos\alpha\cdot\underbrace{\sin 180°}_{=0} = -\sin\alpha$

d) $\cos(\alpha+180°) = \cos\alpha\cdot\underbrace{\cos 180°}_{=-1} - \sin\alpha\cdot\underbrace{\sin 180°}_{=0} = -\cos\alpha$

7. a) $\sin(3\alpha) = \sin(\alpha+(2\alpha)) = \sin\alpha\cdot\cos(2\alpha) + \cos\alpha\cdot\sin(2\alpha)$

$= \sin\alpha\cdot(2\cos^2\alpha - 1) + \cos\alpha\cdot 2\sin\alpha\cdot\cos\alpha = -\sin\alpha + 4\sin\alpha\cdot\cos^2\alpha$

$= \sin\alpha(4\cos^2\alpha - 1) \overset{\text{bzw.}}{\widehat{=}} \sin\alpha(3 - 4\sin^2\alpha)$

b) $\cos(3\alpha) = \cos(\alpha+(2\alpha)) = \cos\alpha\cdot\cos(2\alpha) - \sin\alpha\cdot\sin(2\alpha)$

$= \cos\alpha\cdot(1 - 2\sin^2) - \sin\alpha\cdot 2\sin\alpha\cdot\cos\alpha$

$= \cos\alpha(1 - 4\sin^2\alpha) \overset{\text{bzw.}}{\widehat{=}} \cos\alpha(4\cos^2\alpha - 3)$

8. $1 + \tan^2\alpha = 1 + \frac{\sin^2\alpha}{\cos^2\alpha} = \frac{\cos^2\alpha + \sin^2\alpha}{\cos^2\alpha} = \frac{1}{\cos^2\alpha}$

9. a) $\frac{1}{2}\sin(\alpha+\beta) = \frac{1}{2}(\sin\alpha\cdot\cos\beta + \cos\alpha\cdot\sin\beta)$

$\frac{1}{2}\sin(\alpha-\beta) = \frac{1}{2}(\sin\alpha\cdot\cos\beta - \cos\alpha\cdot\sin\beta)$

$\frac{1}{2}\sin(\alpha+\beta) + \frac{1}{2}\sin(\alpha-\beta) = \sin\alpha\cdot\cos\beta$

b) $\frac{1}{2}\cos(\alpha-\beta) = \frac{1}{2}(\cos\alpha\cdot\cos\beta + \sin\alpha\cdot\sin\beta)$

$\frac{1}{2}\cos(\alpha+\beta) = \frac{1}{2}(\cos\alpha\cdot\cos\beta - \sin\alpha\cdot\sin\beta)$

$\frac{1}{2}\cos(\alpha-\beta) - \frac{1}{2}\cos(\alpha+\beta) = \sin\alpha\cdot\sin\beta$

9.c) $\frac{1}{2}\cos(\alpha+\beta) = \frac{1}{2}(\cos\alpha\cdot\cos\beta - \sin\alpha\cdot\sin\beta)$ 220

$\frac{1}{2}\cos(\alpha-\beta) = \frac{1}{2}(\cos\alpha\cdot\cos\beta - \sin\alpha\cdot\sin\beta)$

$\frac{1}{2}\cos(\alpha+\beta) + \frac{1}{2}\cos(\alpha-\beta) = \cos\alpha\cdot\cos\beta$

10.a) Setzt man in die 3. Doppelwinkelformel für den Kosinus $\frac{\alpha}{2}$ statt α, so erhält man:

$$\cos(2\tfrac{\alpha}{2}) = 1 - 2\sin^2(\tfrac{\alpha}{2}) \quad , \quad 2\sin^2(\tfrac{\alpha}{2}) = (1-\cos\alpha) \quad , \quad \sin\tfrac{\alpha}{2} = \pm\sqrt{\tfrac{1}{2}(1-\cos\alpha)}$$

b) $$\cos(2\tfrac{\alpha}{2}) = 2\cos^2(\tfrac{\alpha}{2}) - 1 \quad , \quad 2\cos^2(\tfrac{\alpha}{2}) = (1+\cos\alpha) \quad , \quad \cos\tfrac{\alpha}{2} = \pm\sqrt{\tfrac{1}{2}(1+\cos\alpha)}$$

11.a) $$\tan(\alpha+\beta) = \frac{\sin(\alpha+\beta)}{\cos(\alpha+\beta)} = \frac{\sin\alpha\cos\beta+\cos\alpha\sin\beta}{\cos\alpha\cos\beta-\sin\alpha\sin\beta}\cdot\frac{\frac{1}{\cos\alpha\cos\beta}}{\frac{1}{\cos\alpha\cos\beta}} = \frac{\tan\alpha+\tan\beta}{1-\tan\alpha\cdot\tan\beta}$$

b) $$\tan(2\alpha) = \frac{\sin(2\alpha)}{\cos(2\alpha)} = \frac{2\sin\alpha\cos\beta}{\cos^2\alpha-\sin^2\alpha}\cdot\frac{\frac{1}{\cos^2\alpha}}{\frac{1}{\cos^2\alpha}} = \frac{2\tan\alpha}{1-\tan^2\alpha}$$

12. $$\tan(\alpha+45°) = \frac{\tan\alpha+\tan 45°}{1-\tan\alpha\cdot\tan 45°} \underset{\tan 45°=1}{=} \frac{\tan\alpha+1}{1-\tan\alpha}$$

13. $$\tan(90°-\alpha) = \frac{\sin(90°-\alpha)}{\cos(90°-\alpha)} = \frac{\sin 90°\cos\alpha-\cos 90°\sin\alpha}{\cos 90°\cos\alpha+\sin 90°\sin\alpha} = \frac{\cos\alpha}{\sin\alpha}\cdot\frac{\frac{1}{\cos\alpha}}{\frac{1}{\cos\alpha}} = \frac{1}{\tan\alpha}$$

14.a) $$\frac{\sin(2\alpha)}{2\cos\alpha} = \frac{2\sin\alpha\cos\alpha}{2\cos\alpha} = \sin\alpha$$

b) $$\frac{\cos(2\alpha)}{1-\tan^2\alpha} = \frac{\cos^2\alpha-\sin^2\alpha}{\frac{\cos^2\alpha-\sin^2\alpha}{\cos^2\alpha}} = \cos^2\alpha$$

c) $$\begin{aligned} 2\sin^2\alpha+\cos^4\alpha-\sin^4\alpha &= 2\sin\alpha+\cos^4\alpha-(\sin^2\alpha)^2 \\ &= 2\sin\alpha+\cos^4\alpha-(1-\cos^2\alpha)^2 \\ &= 2\sin\alpha+\cos^4\alpha-1+2\cos^2\alpha-\cos^4\alpha \\ &= 2\sin\alpha+\underbrace{2\cos^2\alpha}_{=2-2\sin^2\alpha}-1 \\ &= 1+2\sin\alpha-2\sin^2\alpha \underset{\text{bzw.}}{=} \cos(2\alpha)+2\sin\alpha \end{aligned}$$

d) $$\frac{\cos(2\alpha)+1-2\cos\alpha}{\cos\alpha-1} = \frac{(2\cos^2\alpha-1)+1-2\cos\alpha}{\cos\alpha-1} = \frac{2\cos\alpha(\cos\alpha-1)}{\cos\alpha-1} = 2\cos\alpha$$

221 15. a) $\sin 45° = \frac{a}{a\sqrt{2}} = \frac{1}{\sqrt{2}} = \frac{1}{2}\sqrt{2}$

$\cos 45° = \frac{a}{a\sqrt{2}} = \frac{1}{\sqrt{2}} = \frac{1}{2}\sqrt{2}$

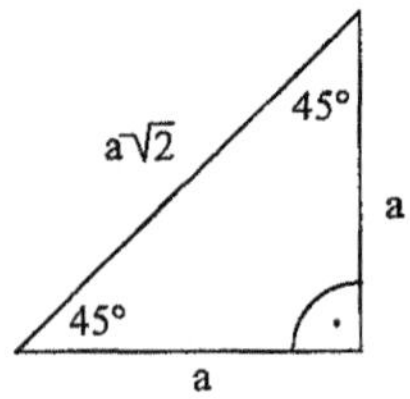

b) $\tan 30° = \frac{\sin 30°}{\cos 30°} = \frac{\frac{1}{2}}{\frac{\sqrt{3}}{2}} = \frac{1}{\sqrt{3}} = \frac{1}{3}\sqrt{3}$

$\tan 45° = \frac{\sin 45°}{\cos 45°} = \frac{\frac{1}{2}\sqrt{2}}{\frac{1}{2}\sqrt{2}} = 1$

$\tan 60° = \frac{\sin 60°}{\cos 60°} = \frac{\frac{\sqrt{3}}{2}}{\frac{1}{2}} = \sqrt{3}$

16. a) $a = 4{,}5$, $b = \frac{a}{2}\sqrt{3}$ b) $b = 1$, $c = \sqrt{2}$ c) $b = 1$, $c = 2$

17. $e = 2$

$f = 2\sqrt{3}$

$A = \frac{e \cdot f}{2} = 2\sqrt{3}$

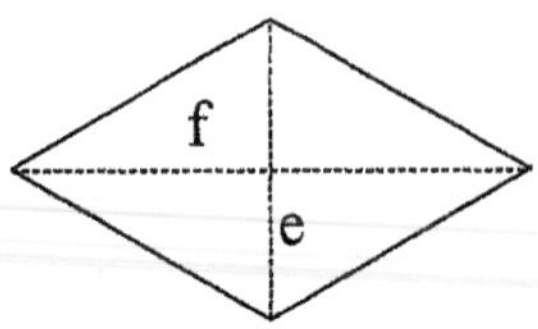

3. Längen und Winkel in beliebigen Dreiecken

1. a) $\gamma=110°$, $a=\frac{b}{\sin\beta}\cdot\sin\alpha=\frac{6}{\sin 40°}\cdot\sin 30°\approx 4{,}67$, $c=\frac{6}{\sin 40°}\cdot\sin 110°\approx 8{,}77$ 223

   b) $\beta=20°$, $a=\frac{5}{\sin 20°}\cdot\sin 50°\approx 11{,}2$, $c=\frac{5}{\sin 20°}\cdot\sin 110°\approx 13{,}74$

   c) $\gamma=70°$, $a=\frac{6}{\sin 70°}\cdot\sin 60°\approx 5{,}53$, $b=\frac{6}{\sin 70°}\cdot\sin 50°\approx 4{,}89$

2. $\alpha=40°$, $a=\frac{6}{\sin 80°}\cdot\sin 40°\approx 3{,}92$, $\sin 60°=\frac{h_c}{a}$, $h_c\approx 3{,}92\cdot\sin 60°\approx 3{,}39$

   $A=\frac{1}{2}c\cdot h_c\approx 3\cdot 3{,}39=10{,}17$

224

3. $\sin\alpha=\frac{5}{8}\cdot\sin 12°\ \Rightarrow\ \alpha\approx 7{,}47°$

   $\Rightarrow\ \gamma\approx 160{,}53°\ \Rightarrow\ c=\frac{8}{\sin 12°}\cdot\sin 160{,}53°\approx 12{,}83$

   Gefälle ca. 13,11 % 225

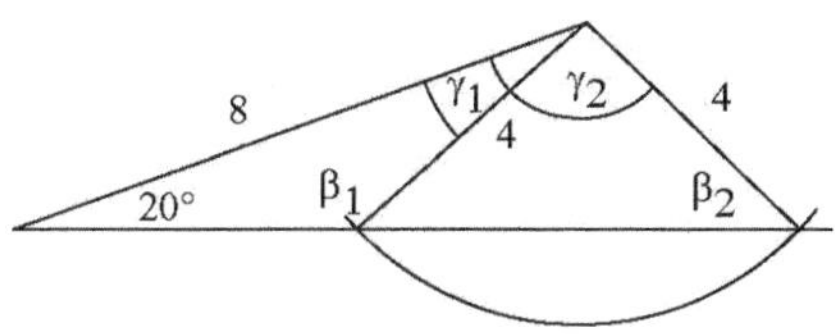

4. a) $\beta_1=136{,}84°$, $\gamma_1=23{,}16°$, $c_1=4{,}60$

   $\beta_2=43{,}16°$, $\gamma_2=116{,}84°$, $c_2=10{,}44$

   b) keine Lösung möglich wegen

   $\sin\beta=\frac{8}{4}\cdot\sin 50°>1$

   c) Nur eine Lösung, wenn

   $\sin\alpha=\frac{1}{2}\Rightarrow\alpha=30°$

   $\Rightarrow\gamma=60°$, $\beta=90°$

   $c=\sqrt{48}\approx 6{,}93$

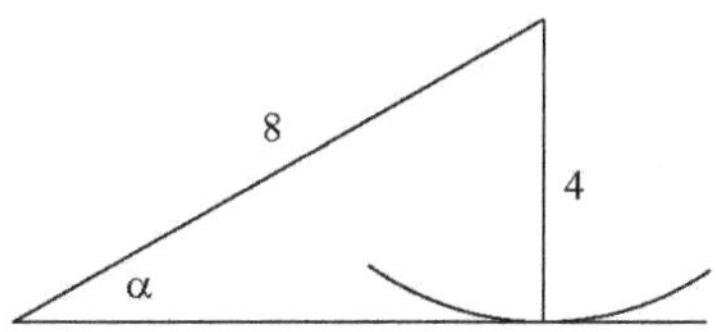

5. $\sin\beta=\frac{8}{6}\cdot\sin 40°\Rightarrow\beta_1\approx 59°, \beta_2\approx 121°$, $\gamma_1\approx 81°$, $\gamma_2\approx 19°$

6. a) $\beta=180°-100°-50°=30°$; $\frac{a}{\sin\alpha}=\frac{b}{\sin\beta}\ \Rightarrow\ a=\frac{b\sin\alpha}{\sin\beta}=\frac{8\sin 50°}{\sin 30°}\approx 12{,}26$ 226

   $\frac{c}{\sin\gamma}=\frac{b}{\sin\beta}\ \Rightarrow\ c=\frac{b\sin\gamma}{\sin\beta}=\frac{8\sin 100°}{\sin 30°}\approx 15{,}76$

   b) $\gamma=180°-30°-40°=110°$; $a=\frac{c\sin\alpha}{\sin\gamma}=\frac{12\sin 30°}{\sin 110°}\approx 6{,}39$

   $b=\frac{c\sin\beta}{\sin\gamma}=\frac{12\sin 40°}{\sin 110°}\approx 8{,}21$

   c) $\frac{b}{\sin\beta}=\frac{a}{\sin\alpha}\ \Rightarrow\ \sin\beta=\frac{b\sin\alpha}{a}=\frac{6\sin 50°}{8}\approx 0{,}5745\ \Rightarrow\ \beta\approx 35{,}07°$

   $\gamma\approx 180°-\alpha-\beta=94{,}93°$, $c=\frac{a\cdot\sin\gamma}{\sin\alpha}\approx 10{,}40\text{cm}$

   d) $\sin\alpha=\frac{a\sin\beta}{b}=\frac{4\sin 80°}{12}\approx 0{,}3283\ \Rightarrow\ \alpha\approx 19{,}16°$

   $\gamma\approx 180°-80°-19{,}16°=80{,}84°$, $c=\frac{a\cdot\sin\gamma}{\sin\alpha}\approx 12{,}03\text{cm}$

226 7. Der Sinussatz ist direkt anwendbar, wenn eine Seite und zwei Winkel oder zwei Seiten und einer der Gegenwinkel gegeben sind, also in den Fällen WWS, WSW bzw. SSW.

8. a) $\alpha = 180°\text{-}40°\text{-}60° = 80°$; $\frac{b}{\sin\beta} = \frac{a}{\sin\alpha} \quad\Rightarrow\quad b = \frac{a\sin\beta}{\sin\alpha} = \frac{8\sin 40°}{\sin 80°} \approx 5{,}22$

$$c = \frac{a\sin\gamma}{\sin\alpha} = \frac{8\sin 60°}{\sin 80°} \approx 7{,}04$$

b) $\beta = 180°\text{-}60°\text{-}70° = 50°$; $c = \frac{a\sin\gamma}{\sin\alpha} = \frac{10\sin 70°}{\sin 60°} \approx 10{,}85$

$$b = \frac{a\sin\beta}{\sin\alpha} = \frac{10\sin 50°}{\sin 60°} \approx 8{,}85$$

c) $\frac{a}{\sin\alpha} = \frac{b}{\sin\beta} \quad\Rightarrow\quad \sin\alpha = \frac{a\sin\beta}{b} = \frac{8\sin 120°}{12} \approx 0{,}5774 \quad\Rightarrow\quad \alpha \approx 35{,}26°$

$\gamma \approx 180° - 120° - 35{,}26° = 24{,}74°$, $\quad c = \frac{\sin\gamma \cdot b}{\sin\beta} \approx 5{,}80$

d) $\frac{a}{\sin\alpha} = \frac{c}{\sin\gamma} \quad\Rightarrow\quad \sin\alpha = \frac{a\sin\gamma}{c} = \frac{4\sin 80°}{6} \approx 0{,}6565 \quad\Rightarrow\quad \alpha \approx 41{,}04°$

$\beta \approx 180° – 80° – 41{,}04° = 58{,}96°$

$\frac{b}{\sin\beta} = \frac{a}{\sin\alpha} \quad\Rightarrow\quad b = \frac{a\sin\beta}{\sin\alpha} \approx \frac{4\sin 58{,}96°}{\sin 41{,}04°} \approx 5{,}22$

9. a) $\frac{b}{\sin\beta} = \frac{a}{\sin\alpha} \quad\Rightarrow\quad \sin\beta = \frac{b\sin\alpha}{a} = \frac{10\sin 60°}{9} \approx 0{,}9623 \quad\Rightarrow\quad \beta \approx 74{,}21°$

$\Rightarrow\ \beta \approx 74{,}21°$ oder	$\beta \approx 180° - 74{,}21° = 105{,}79°$
$\Rightarrow\ \gamma \approx 45{,}79°$	$\Rightarrow\ \gamma \approx 14{,}21°$
$\Rightarrow\ c \approx \frac{9\sin 45{,}79°}{\sin 60°} \approx 7{,}45$	$\Rightarrow\ c \approx \frac{9\sin 14{,}21°}{\sin 60°} \approx 2{,}55$

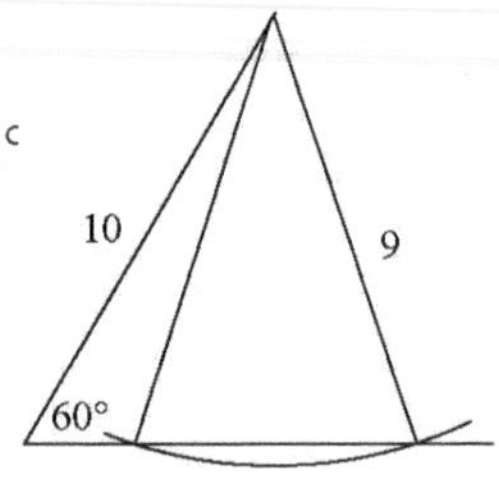

b) $\frac{c}{\sin\gamma} = \frac{b}{\sin\beta} \quad\Rightarrow\quad \sin\gamma = \frac{c\sin\beta}{b} = \frac{8\sin 80°}{6} \approx 1{,}3131$

$\Rightarrow$ keine Lösung

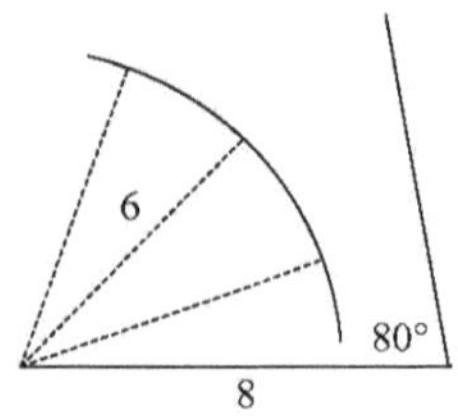

c) $\frac{a}{\sin\alpha} = \frac{b}{\sin\beta} \quad\Rightarrow\quad \sin\alpha = \frac{a\sin\beta}{b} = \frac{\sqrt{27}\sin 30°}{3} \approx 0{,}8660$

$\Rightarrow\ \alpha = 60°$ oder $\alpha = 120°$

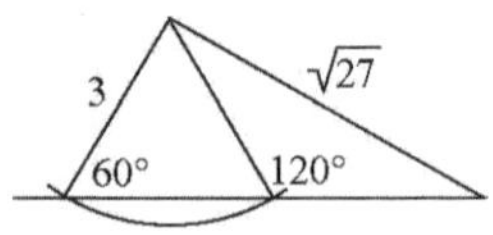

d) $\frac{c}{\sin\gamma} = \frac{b}{\sin\beta} \quad\Rightarrow\quad \sin\gamma = \frac{c\sin\beta}{b} = \frac{6\sin 25°}{4} \approx 0{,}6339$

$\Rightarrow\ \gamma \approx 39{,}34°$ oder	$\gamma \approx 140{,}66°$
$\Rightarrow\ \alpha \approx 180° – 39{,}34° – 25° = 115{,}66°$	$\alpha \approx 180° – 140{,}66° – 25° = 14{,}34°$
$\frac{a}{\sin\alpha} = \frac{b}{\sin\beta}$	$a = \frac{4\sin 14{,}34°}{\sin 25°} \approx 2{,}34$
$\Rightarrow\ a = \frac{4\sin 115{,}66°}{\sin 25°} \approx 8{,}53$	

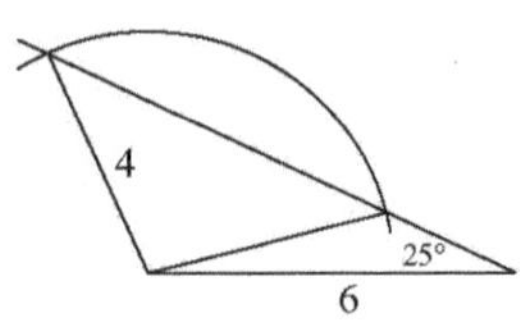

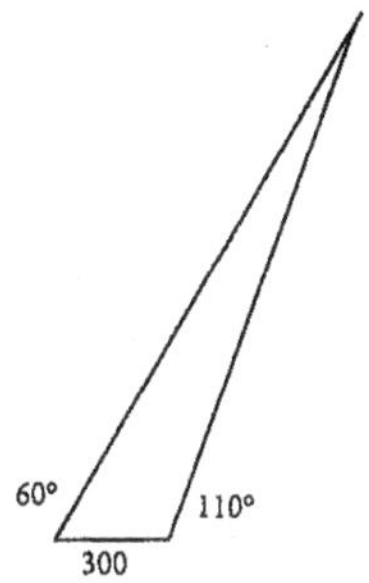

10\. 1) $\gamma = 180° - \alpha - \beta = 180° - 60° - 110° = 10°$ 226

2) $\frac{a}{\sin\alpha} = \frac{c}{\sin\gamma} \Rightarrow a = \frac{300 \sin 60°}{\sin 10°} \approx 1496{,}17\,\text{m}$

3) $\frac{b}{\sin\beta} = \frac{c}{\sin\gamma} \Rightarrow b = \frac{300 \sin 110°}{\sin 10°} \approx 1623{,}44\,\text{m}$

11\. 1) $\angle ABC = 180° - 40° - 25° = 115°$
$\angle ADC = 180° - 30° - 50° = 150°$

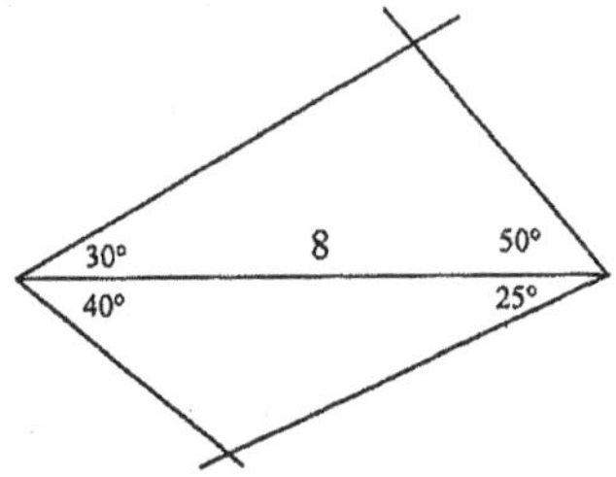

2) $\frac{a}{\sin 25°} = \frac{8}{\sin 115°} \Rightarrow a = \frac{8 \sin 25°}{\sin 115°} \approx 3{,}73\,\text{km}$

$\frac{b}{\sin 40°} = \frac{8}{\sin 115°} \Rightarrow b = \frac{8 \sin 40°}{\sin 115°} \approx 5{,}67\,\text{km}$

3) $\frac{c}{\sin 30°} = \frac{8}{\sin 100°} \Rightarrow c = \frac{8 \sin 30°}{\sin 100°} \approx 4{,}06\,\text{km}$

$\frac{d}{\sin 50°} = \frac{8}{\sin 100°} \Rightarrow d = \frac{8 \sin 50°}{\sin 100°} \approx 6{,}22\,\text{km}$

12\. $b^2 = h_a^2 + x^2, \quad x = b \cdot \cos(180° - \gamma) = -b \cdot \cos\gamma$ 228

$c^2 = h_a^2 + (a+x)^2 = h_a^2 + a^2 + 2ax + x^2$
$= b^2 + a^2 + 2ax$
$= a^2 + b^2 - 2ab\cos\gamma$

13\. Die anderen Formeln folgen aus entsprechenden Überlegungen, z.B.

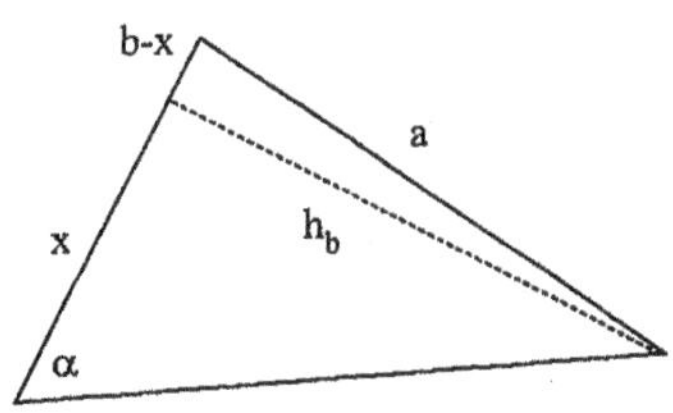

$a^2 = h_b^2 + (b-x)^2$
$c^2 = h_b^2 + x^2$
$x = c \cdot \sin\alpha$
$\Rightarrow a^2 = h_b^2 + b^2 - 2bx + x^2$
$= b^2 + c^2 - 2bc \cdot \sin\alpha$

Merksatz: $\underbrace{c^2}_{\uparrow} = \underbrace{a^2 + b^2}_{\uparrow} \underbrace{- 2ab \cdot \cos\gamma}_{\uparrow}$

Seitenquadrat | Summe der anderen Seitenquadrate | 2×Produkt der anderen Seiten ×Kosinus des gegenüberliegenden Winkels

14\. $\gamma = 90° \Rightarrow \cos\gamma = 0 \Rightarrow c^2 = a^2 + b^2$ (Pythagoras)

15\. a) $\alpha = 22{,}33°$, $\beta = 49{,}46°$, $\gamma = 108{,}21°$ 229
b) $\alpha = 36{,}87°$, $\beta = 53{,}13°$, $\gamma = 90°$
c) $\alpha = 14{,}74°$, $\beta = 28{,}68°$, $\gamma = 106{,}32°$
d) $b = 7$, $\alpha = 38{,}2°$, $\gamma = 81{,}8°$

16\. Innenwinkel im Sechseck: 120° $d_1 = 5\sqrt{3}$, $d_2 = 10$

230 17\. a) $\cos\gamma = \frac{a^2+b^2-c^2}{2ab} = \frac{16+36-64}{2\cdot 4\cdot 8} = -0{,}25 \quad\Rightarrow\quad \gamma \approx 104{,}48°$

$\cos\alpha = \frac{b^2+c^2-a^2}{2bc} = \frac{36+64-16}{2\cdot 6\cdot 8} = 0{,}875 \quad\Rightarrow\quad \alpha \approx 28{,}96°$

$\beta = 180° - \alpha - \gamma \approx 46{,}56°$

b) $c^2 = a^2 + b^2 - 2ab\cos\gamma = 64 + 36 - 2\cdot 8\cdot 6\cdot \cos 100° \approx 116{,}67° \quad\Rightarrow\quad c \approx 10{,}80\text{cm}$

$\cos\alpha = \frac{b^2+c^2-a^2}{2bc} \approx \frac{36+10{,}8^2-64}{2\cdot 6\cdot 10{,}8} \approx 0{,}684 \quad\Rightarrow\quad \alpha \approx 46{,}85°$

$\beta = 180° - \alpha - \gamma \approx 33{,}15°$

c) $\cos\gamma = \frac{a^2+b^2-c^2}{2ab} = \frac{144+400-256}{2\cdot 12\cdot 20} = 0{,}6 \quad\Rightarrow\quad \alpha \approx 53{,}13°$

$\cos\beta = \frac{a^2+c^2-b^2}{2ac} = \frac{144+256-400}{2\cdot 12\cdot 16} = \frac{0}{384} = 0 \quad\Rightarrow\quad \beta = 90°$

$\alpha = 180° - \beta - \gamma \approx 36{,}87°$

Es handelt sich um ein rechtwinkliges Dreieck!

d) $b^2 = a^2 + c^2 - 2ac\cdot\cos\beta = 49 + 144 - 2\cdot 7\cdot 12\cdot \cos\beta \approx 330{,}62 \quad\Rightarrow\quad b \approx 18{,}18\text{cm}$

$\cos\alpha = \frac{b^2+c^2-a^2}{2bc} = 0{,}9752 \quad\Rightarrow\quad \alpha \approx 12{,}78°$

$\gamma = 180° - \alpha - \beta \approx 22{,}22°$

18\. a) $\alpha \approx 100{,}3°,\quad \beta \approx 36{,}2°,\quad \gamma \approx 43{,}5°$

b) $a \approx 6{,}46,\quad \beta \approx 38{,}3°,\quad \gamma \approx 111{,}7°$

c) $\alpha \approx 55{,}1°,\quad \beta \approx 114{,}4°,\quad \gamma \approx 10{,}5°$

d) $\alpha \approx 90°,\quad b \approx 3{,}46,\quad \gamma \approx 30°$

e) $\alpha \approx 36{,}9°,\quad \beta \approx 53{,}1°,\quad \gamma = 90°$

f) $\alpha \approx 29{,}5°,\quad \beta \approx 120{,}5°,\quad c \approx 4{,}06$

g) $b = 2,\quad \beta = 45°,\quad \gamma = 90°$

h) $\alpha = 30°,\quad \beta = 120°,\quad b \approx 20{,}78$

19\. a) Achtung! Orientierung des Dreiecks beachten!

$a = \sqrt{32},\quad b = \sqrt{50},\quad c = \sqrt{34},\quad \alpha \approx 50{,}9°,\quad \beta \approx 76°,\quad \gamma \approx 53{,}1°$

b) $a = \sqrt{8},\quad b = \sqrt{37},\quad c = \sqrt{17},\quad \alpha \approx 23{,}5°,\quad \beta \approx 121°,\quad \gamma \approx 35{,}5°$

c) $a = \sqrt{149},\quad b = 8,\quad c = \sqrt{53},\quad \alpha \approx 105{,}9°,\quad \beta \approx 39{,}1°,\quad \gamma \approx 35°$

d) $a = \sqrt{8},\quad b = \sqrt{10},\quad c = \sqrt{10},\quad \alpha \approx 53{,}1°,\quad \beta \approx 63{,}5°,\quad \gamma \approx 63{,}5°$

20\. a) $\cos\beta = \frac{a^2+b^2-e^2}{2ab} = \frac{64+9-49}{48} = 0{,}5 \quad\Rightarrow\quad \beta = 60°$

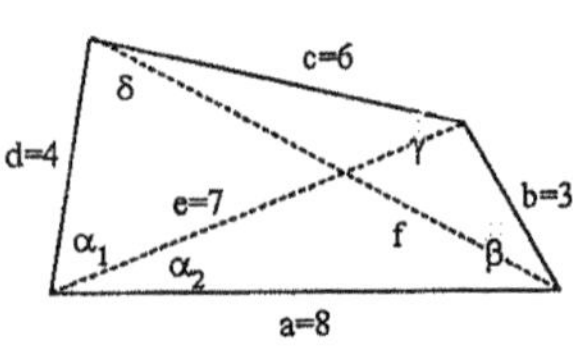

$\cos\delta = \frac{d^2+c^2-e^2}{2dc} = \frac{16+36-49}{48} = 0{,}0625 \quad\Rightarrow\quad \delta \approx 86{,}42°$

$\cos\alpha_2 = \frac{a^2+e^2-b^2}{2ae} = \frac{64+49-9}{126} = 0{,}9286 \quad\Rightarrow\quad \alpha_2 \approx 21{,}79°$

$\cos\alpha_1 = \frac{d^2+e^2-c^2}{2de} = \frac{16+49-36}{56} = 0{,}5179 \quad\Rightarrow\quad \alpha_1 \approx 58{,}81°$

$\Rightarrow\quad \alpha = \alpha_1 + \alpha_2 \approx 80{,}60°$

$\Rightarrow\quad \gamma = 360° - \alpha - \beta - \delta \approx 132{,}98°$

$f^2 = a^2 + d^2 - 2ad\cdot\cos\alpha = 64 + 16 - 64\cdot \text{c0s}80{,}6° \approx 69{,}55 \quad\Rightarrow\quad f \approx 8{,}34\text{cm}$

b) $e^2 = a^2 + b^2 - 2ab \cdot \cos\beta = 36 + 16 - 48 \cdot \cos 60° = 28 \quad \Rightarrow \quad e \approx 5{,}29\text{cm}$ 230

$f^2 = b^2 + c^2 - 2bc \cdot \cos\gamma = 16 + 25 - 40 \cdot \cos 100° \approx 47{,}95 \quad \Rightarrow \quad f \approx 6{,}92\text{cm}$

$\cos\gamma_1 = \frac{b^2+e^2-a^2}{2be} = \frac{16+5{,}29^2-36}{8 \cdot 5{,}29} \approx 0{,}1887 \quad \Rightarrow \quad \gamma_1 \approx 79{,}13°$

$\gamma_2 = \gamma - \gamma_1 \approx 100° - 79{,}13° = 20{,}87°$

$d^2 = c^2 + e^2 - 2ce \cdot \cos\gamma_2 \approx 43{,}01 \quad \Rightarrow \quad d \approx 6{,}56\text{cm}$

$\cos\alpha = \frac{a^2+d^2-f^2}{2ad} = \frac{36+6{,}56^2-6{,}92^2}{12 \cdot 6{,}56} \approx 0{,}3957 \quad \Rightarrow \quad \alpha \approx 66{,}69°$

$\delta = 360° - \alpha - \beta - \gamma \approx 133{,}31°$

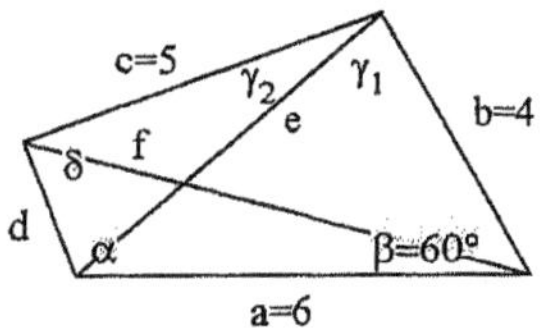

21. Aus den Daten folgt die abgebildete Figur, da sich die Diagonalen im Parallelogramm halbieren.

$a^2 = 25 + 16 - 40 \cdot \cos 135° \approx 69{,}28$

$\Rightarrow \quad a \approx 8{,}32\text{cm} \quad \Rightarrow \quad c \approx 8{,}32\text{cm}$

$b^2 = 25 + 16 - 40 \cdot \cos 45° \approx 12{,}72$

$\Rightarrow \quad b \approx 3{,}57\text{cm} \quad \Rightarrow \quad d \approx 3{,}57\text{cm}$

$\cos\alpha = \frac{a^2+d^2-f^2}{2ad} \approx 0{,}3025$

$\Rightarrow \quad \alpha \approx 72{,}39° \quad \Rightarrow \quad \gamma \approx 72{,}39°$

$\cos\beta = \frac{a^2+b^2-e^2}{2ab} \approx -0{,}3036$

$\Rightarrow \quad \beta = \delta \approx 107{,}67°$

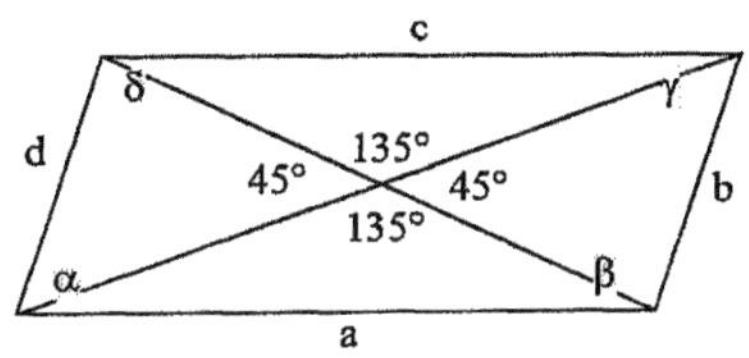

22. 1) Boot A fährt in 265 Minuten $6 \cdot \frac{265}{60} = 26{,}5$ Seemeilen $= 26{,}5 \cdot 1852\text{m} = 49078\text{m}$.

Boot B fährt in 265 Minuten $4 \cdot \frac{265}{60} = 17{,}67$ Seemeilen = 32719 m.

2) Die Entfernung der Boote sei x.

Es gilt: $x^2 = 49078^2 + 32719^2 - 49078 \cdot 32719 \cdot \cos$

$= 1970240532$

$x = 44387{,}4\text{m} \approx 44{,}4\text{km}$

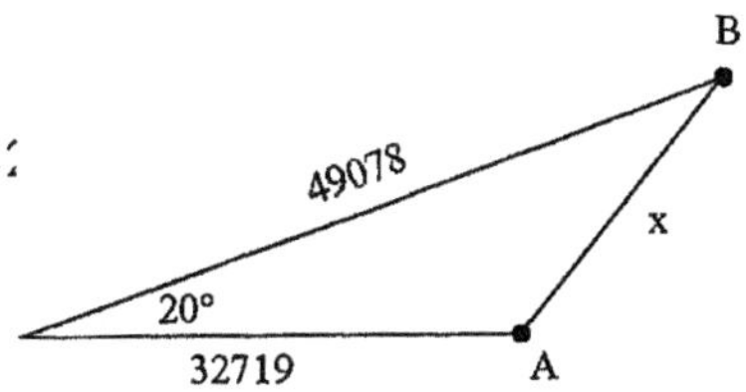

23. 1) $\cos\alpha = \frac{12^2+6^2-8^2}{2 \cdot 12 \cdot 6} = 0{,}8056 \quad \Rightarrow \quad \alpha \approx 13{,}34°$

2) $\cos\beta = \frac{12^2+8^2-6^2}{2 \cdot 12 \cdot 8} = 0{,}8958 \quad \Rightarrow \quad \beta \approx 26{,}38°$

3) Höhe der Linse:

$CD^2 = AC^2 + AD^2 - 2 \cdot AC \cdot AD \cdot \cos(2\alpha)$

$= 6^2 + 6^2 - 72 \cdot \cos 72{,}68°$

$\approx 50{,}57 \quad \Rightarrow \quad CD \approx 7{,}11\text{cm}$

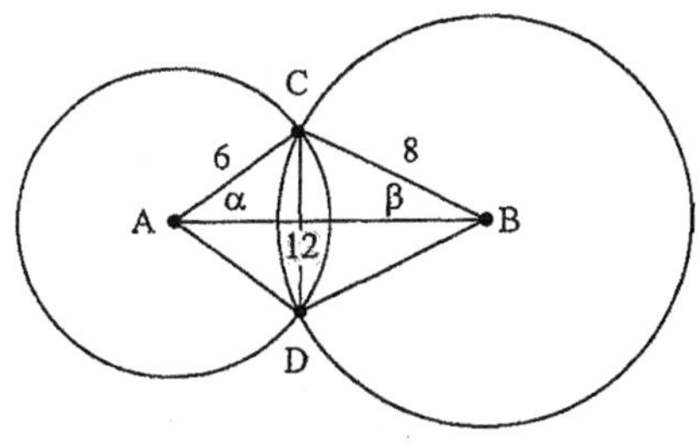

230 4) Fläche der rechten Linsenhälfte:
Der Kreissektor CAD hat den Inhalt

$$r^2\pi \cdot \frac{2\alpha}{360°} = 36\pi \cdot \frac{2 \cdot 36,34°}{360°} \approx 22,83\,\text{cm}^2$$

5) Fläche der linken Linsenhälfte:
Der Sektor CBD hat den Inhalt

$$R^2\pi \cdot \frac{2\beta}{360°} = 64\pi \cdot \frac{2 \cdot 26,38°}{360°} \approx 29,47\,\text{cm}^2$$

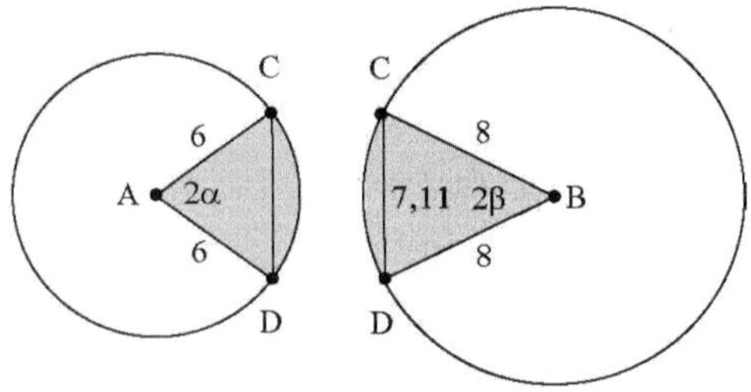

6) Die Fläche der Linse:
Der Inhalt der Linsenfläche ist die Summe der beiden Sektorenflächen, vermindert um die Summe der beiden Dreiecksflächen, die zu einem Drachen zusammengefasst werden können, dessen Diagonalenlängen bekannt sind (7,11 und 12).

I. Fläche des Drachens $= \frac{7,11 \cdot 12}{2} \approx 42,66$

II. Fläche der Linse $= 22,83 + 29,47 - 42,66 = 9,64\ \text{cm}^2$

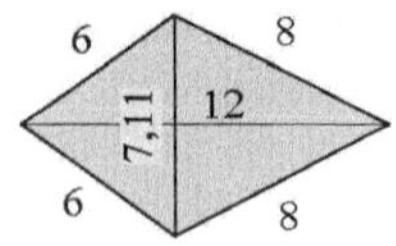

231 24. a) $c = 5,39$, $\alpha = 21,8°$, $\beta = 68,2°$
b) $\beta = 30°$, $b = 4,12$, $c = 9,24$
c) $\alpha = 20°$, $a = 4,1$, $b = 11,3$
d) $\beta = 60°$, $b = 4,04$, $c = 8,08$

25. I

25. a) $\gamma = 120°$, $c = 8,66$
b) $\alpha = 40°$, $a = 1,96$
c) $\alpha = 60°$, $c = 8$
d) $\gamma = 100°$, $a = 4,57$

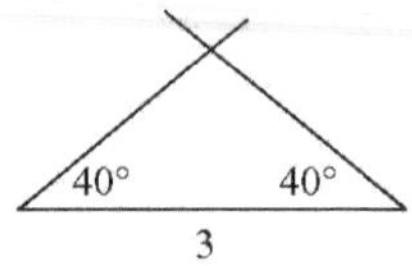

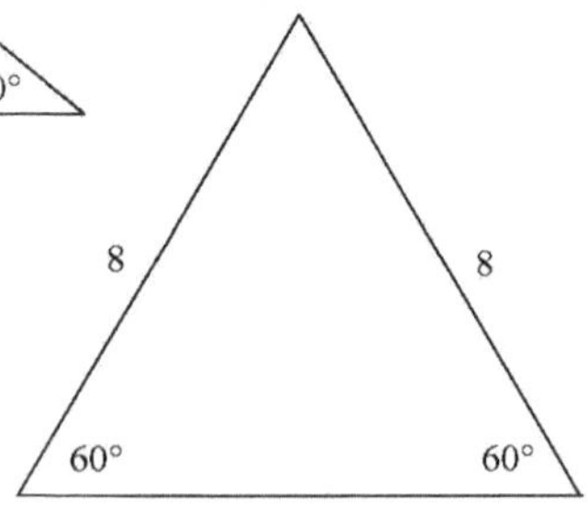

26. Schattenlänge
$l = 20 \cdot \tan 70° \approx 54,95\,\text{m} > 52\,\text{m}$
Der Schatten erreicht das Haus.

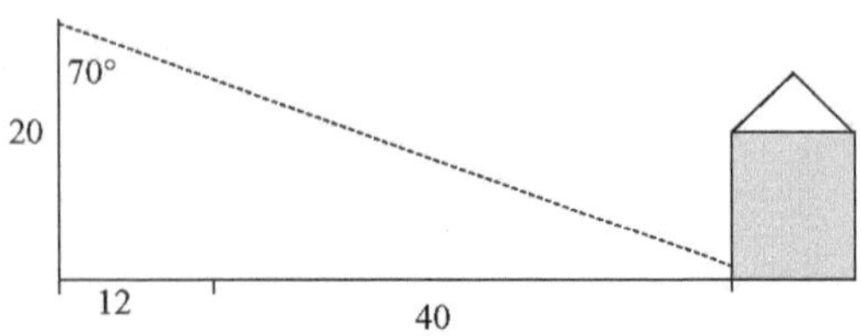

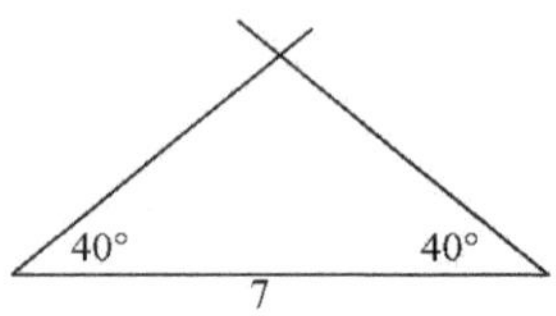

27. a) a = Entfernung Turm - Kai

$$a = \frac{5,65}{\tan 5°} \approx 64,58$$

b) $h_1 = a \cdot \tan 40° \approx 54,12$
Turmhöhe h = 54,12 + 5,65 = 59,77

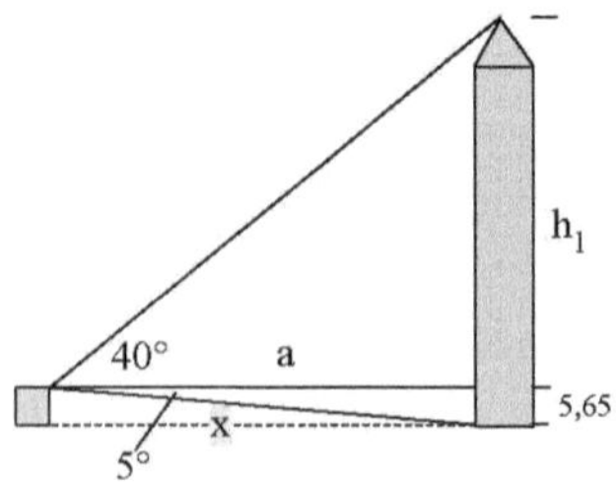

Zweiter Weg: 231

x berechnen: $x = \frac{5{,}65}{\sin 5°} \approx 64{,}83$

Im Dreieck ABC sind alle Winkel und x bekannt, die Turmhöhe h = BC kann mit dem

Sinussatz berechnet werden: $\frac{h}{\sin 45°} = \frac{x}{\sin 50°} \quad \Rightarrow \quad h = \sin 45° \cdot \frac{64{,}83}{\sin 50°} \approx 59{,}84$.

Rundungsfehler kann vermieden werden, wenn nicht mit gerundeten Zwischenwerten sondern mit den Taschenrechnerwerten gerechnet wird.

28. $\tan 70° = \frac{35}{x} \quad \Rightarrow \quad x = \frac{35}{\tan 70°} \approx 12{,}74$

29. $x = \sqrt{3{,}5^2 + 4^2 + 4^2} \approx 6{,}65$

a) $\cos\alpha = \frac{4}{x} \Rightarrow \alpha \approx 53°, \gamma \approx 74°, h_D \approx 5{,}31$

b) $\cos\beta = \frac{3{,}5}{x} \Rightarrow \beta \approx 58{,}2°, \delta \approx 121{,}8°, h_T \approx 5{,}56$

c) $A_{Dreieck} \approx 21{,}24$
$A_{Trapez} \approx 36{,}725$ $\Rightarrow A_{Dachfläche} \approx 2 \cdot A_D + 2 \cdot A_T \approx 115{,}93 m^2$

30. a) $c = 7{,}77$, $\alpha = 49{,}5°$, $\beta = 30{,}5°$ b) $c = 9{,}93$, $\beta = 53{,}1°$, $\gamma = 96{,}9°$ 232
c) $\alpha = 34°$, $\beta = 44{,}5°$, $\gamma = 101{,}5°$ d) $\gamma = 70°$, $b = c = 17{,}54$
e) $\gamma = 50°$, $a = 3{,}26$, $b = 6{,}43$ f) $\beta = \gamma = 50°$, $a = 12{,}86$

31. a) $\beta_1 = 59°$, $\gamma_1 = 71°$, $c_1 = 8{,}83$, $\beta_2 = 121°$, $\gamma_2 = 19°$, $c_2 = 3{,}04$
b) $\gamma_1 = 53{,}1°$, $\alpha_1 = 96{,}9°$, $a_1 = 9{,}93$, $\gamma_2 = 126{,}9°$, $\alpha_2 = 23{,}1°$, $a_2 = 3{,}92$
c) keine Lösung d) keine Lösung

32. I. Dreieckseiten vorgegeben
$\Rightarrow \quad \gamma = 117{,}3° > 83°$
Bergpanorama kann nicht eingefangen werden

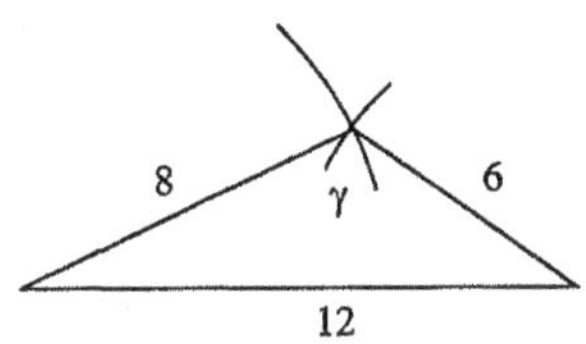

II. $c = 9{,}6 < 12$
Bergpanorama kann nicht eingefangen werden

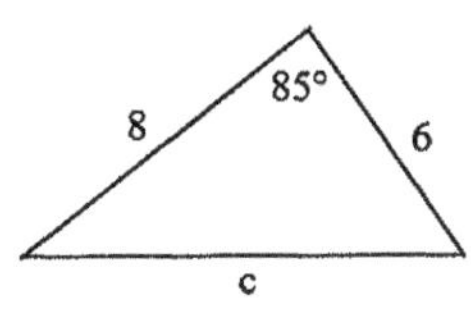

33. $\tan 30° = \frac{y}{x} \quad \Rightarrow \quad y = x \cdot \tan 30°$

$\tan 25° = \frac{y - 500}{x}$

$\Rightarrow \quad x \cdot \tan 25° = x \cdot \tan 30° - 500$

$\Rightarrow x = \frac{500}{\tan 30° - \tan 25°} \approx 4503$

Der Ballon ist ca. 4500 m von der Insel entfernt.

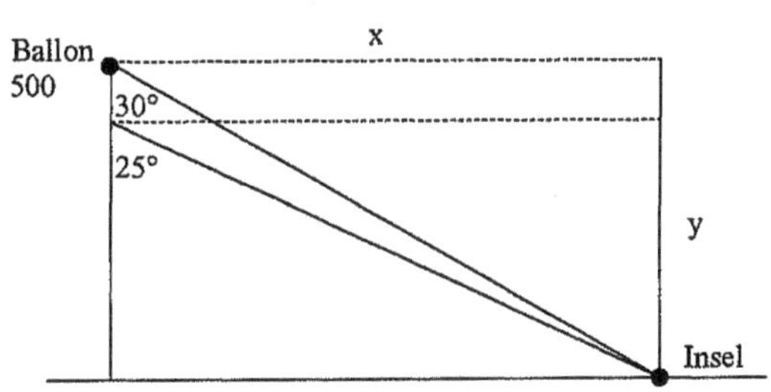

232 34. $\sin\frac{0,762°}{3600} = \frac{1,5\cdot 10^8}{d}$, $d \approx 4,06\cdot 10^{13}$ km (etwa 4,3 Lichtjahre)

233 35. Entfernung Adelaide - Sydney:

$m^2 = 720^2 + 630^2 - 2\cdot 720\cdot 630\cdot\cos 116°$, $m \approx 1145,86$ km

Für den Winkel γ bei Broken Hill gilt: $\gamma = 360°-83°-116°-51° = 110°$

Für das obere Dreieck gilt jetzt:

$m^2 = x^2 + 440^2 - 2x\cdot 440\cdot\cos 110°$, $x^2 + 301x - 1119390 = 0$, $x \approx 918,2$ km

$t = \frac{s}{v} \approx \frac{918,2}{500\cdot 1,6093} \approx 1,14$ h

36. a) $\sin 60° = \frac{h}{5}$, $h = 5\cdot\frac{\sqrt{3}}{2}$, $A = 6\cdot\frac{1}{2}\cdot 5\cdot 5\cdot\frac{\sqrt{3}}{2} \approx 64,95$

b) $\sin 60° = \frac{h}{a}$, $h = a\cdot\frac{\sqrt{3}}{2}$, $A = 6\cdot\frac{1}{2}\cdot a\cdot a\cdot\frac{\sqrt{3}}{2} = \frac{3}{2}a^2\cdot\sqrt{3}$

37. I. $\sin 80° = \frac{y}{6}$, $y \approx 5,909$, $\cos 80° = \frac{u}{6}$, $u \approx 1,042$

$\cos 60° = \frac{u}{b}$, $b \approx 2,084$, $\sin 60° = \frac{x}{b}$, $x \approx 1,805$

$v \approx \sqrt{9 - 1,805^2} \approx 2,396$, $a \approx \sqrt{2,396^2 + 5,909^2} \approx 6,376$

II. $\sin 30° = \frac{u}{3}$, $u = 1,5$, $\cos 30° = \frac{x}{3}$, $x \approx 2,598$

$y \approx \sqrt{25 - 2,598^2} \approx 4,272$

$\cos\beta_1 = \frac{1,5}{3}$, $\beta_1 = 60°$, $\cos\beta_2 = \frac{1,5}{5}$, $\beta_2 \approx 72,54°$ $\Rightarrow$ $\beta \approx 132,54°$

III. Da die Figur ein Trapez darstellt, gilt $\alpha = 60°$, $\beta = 40°$.

$f^2 = 36 + 16 - 48\cdot\cos 140°$, $f \approx 9,42$, $\frac{\sin 40°}{\sin 60°} = \frac{d}{4}$, $d \approx 2,97$

$e^2 = 36 + 2,97^2 - 12\cdot 2,97\cdot\cos 120°$, $e \approx 7,91$

$e^2 = a^2 + 16 - 8a\cdot\cos 40°$, $a^2 - 6,128a - 46,64 = 0$, $a \approx 10,55$

38. a) $\cos 30° = \frac{h}{4}$, $h = 4\cdot\frac{\sqrt{3}}{2} = 2\sqrt{3}$

$\sin 30° = \frac{a}{4}$, $a = 2$

$A = 2a\cdot h = 8\sqrt{3} \approx 13,86$

b) $\tan 60° = \frac{h}{5}$, $h \approx 8,66$

$A = \frac{20+10}{2}\cdot h \approx 129,9$

39. a) I. Die Diagonalen halbieren sich: $d = \sqrt{3}$, $\sin\frac{\alpha}{2} = \frac{0,5}{\frac{\sqrt{3}}{2}}$, $\alpha \approx 70,53°$

II. $\cos\alpha = \frac{\sqrt{2}}{2}$, $\alpha = 45°$

III. $25 = 52 + 45 - 2\cdot\sqrt{2340}\cdot\cos\gamma$, $\gamma \approx 41,91°$, Kontrolle: $\alpha + \beta + \gamma = 180°$

$45 = 52 + 25 - 10\cdot\sqrt{52}\cdot\cos\alpha$, $\alpha \approx 63,65°$

$52 = 45 + 25 - 10\cdot\sqrt{45}\cdot\cos\beta$, $\beta \approx 74,44°$

39. b) In der maßstäblichen Zeichnung nachmessen: 233

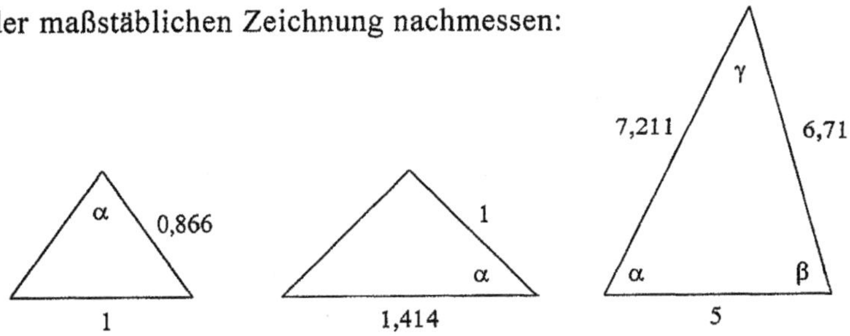

40. a) $|PA| = \sqrt{100-36} = 8$ 234

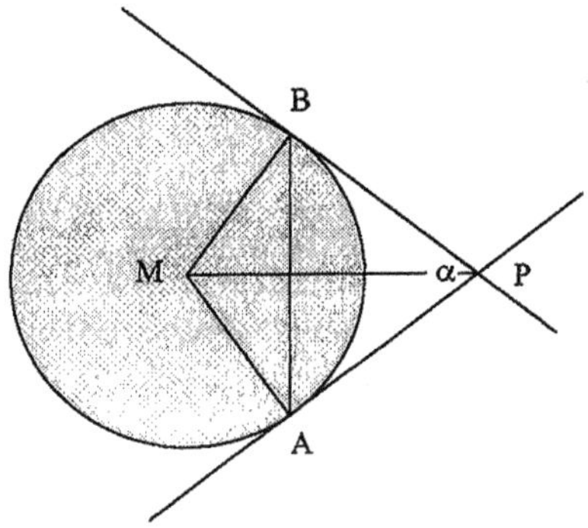

b) $\sin\frac{\alpha}{2} = \frac{6}{10}$, $\alpha \approx 73{,}74°$

c) $\sin\frac{\alpha}{2} = \frac{|BA|}{2} : |PA|$

$|BA| = 2|PA| \cdot \sin\frac{\alpha}{2} \approx 9{,}6$

41. a) $\sin 30° = \frac{2}{c}$, $c = 4$

Also liegt die Kugel 10 cm unterhalb der Erdoberfläche.

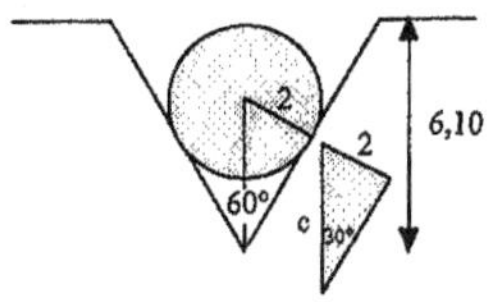

b) maßstäbliche zeichnung anlegen

42. $x^2 = 100^2 + 200^2 - 40000 \cdot \cos 45°$

$\approx 21715{,}73$

$x \approx 147{,}36$

43. $\sin 40° = \frac{1000}{x}$, $x \approx 1555{,}72$, $\sin 20° = \frac{600}{y}$, $y \approx 1754{,}28$

$t_x \approx \frac{1555{,}72}{20} \approx 77{,}79s$, $t_y \approx \frac{1754{,}28}{23} \approx 76{,}27s$

Die Flieger kommen nahezu zeitgleich am Schneidungspunkt ihrer Flugbahnen an. Es besteht Kollisionsgefahr.

44. $|AB|^2 = 520^2 + 1080^2 - 2 \cdot 520 \cdot 1080 \cdot \cos 15°$, $|AB| \approx 593{,}19$

$|AC|^2 = 520^2 + 850^2 - 2 \cdot 520 \cdot 850 \cdot \cos 11°$, $|AC| \approx 353{,}75$

$|BC|^2 = 1080^2 + 850^2 - 2 \cdot 1080 \cdot 850 \cdot \cos 26°$, $|BC| \approx 488{,}58$

$\cos\alpha = \frac{488{,}58^2 + 593{,}19^2 - 353{,}75^2}{2 \cdot 488{,}58 \cdot 593{,}19}$, $\alpha \approx 36{,}58°$

$\sin\alpha = \frac{h}{593{,}19}$, $h \approx 353{,}51$

$A \approx \frac{1}{2} \cdot 488{,}58 \cdot 353{,}51 \approx 86358{,}96\ m^2 \approx 8{,}636\ ha$

Test

235 1.

α	10°	30°	45°	60°	72°
$\sin\alpha$	0,1736	0,5	$\frac{1}{2}\sqrt{2}$	$\frac{1}{2}\sqrt{3}$	0,951
$\cos\alpha$	0,9840	$\frac{1}{2}\sqrt{3}$	$\frac{1}{2}\sqrt{2}$	0,5	0,309
$\tan\alpha$	0,1763	$\frac{1}{3}\sqrt{3}$	1	$\sqrt{3}$	3,078

2. $h^2 = 1-(\frac{1}{2})^2 = \frac{3}{4} \;\Rightarrow\; h = \frac{1}{2}\sqrt{3}$
   $\cos 30° = \frac{h}{1} = \frac{1}{2}\sqrt{3}$

3. a) $c = \sqrt{65} \approx 8{,}06, \quad \alpha \approx 29{,}8°, \quad \beta \approx 60{,}2°$
   b) $b = \sqrt{55} \approx 7{,}42, \quad \alpha \approx 22°, \quad \beta \approx 68°$
   c) $\alpha = 50°, \; b = 4{,}2, \; c = 6{,}53$
   d) $\beta = 60°, \; b = 6{,}93, \; a = 4$

4. a) $\tan 20° = \frac{h_1}{32} \;\Rightarrow\; h_1 = 11{,}65\,m \;\Rightarrow\; h = h_1 + 1{,}72\,m = 13{,}37\,m$
   b) Leiterlänge $l = \frac{h}{\sin 70°} = 14{,}22\,m$

5. $\cos\gamma = \frac{c^2-a^2-b^2}{-2ab} \;\Rightarrow\; \gamma \approx 104{,}47°, \quad a \approx 28{,}96°, \quad \beta \approx 46{,}57°$

6. $a = \frac{100}{\sin 5°} \cdot \sin 80° \approx 1129{,}94\,m$

4. Die trigonometrischen Funktionen

1.

α	10°	15°	30°	36°	45°	60°	90°	135°	180°	270°	300°	360°
x	$\frac{\pi}{18}$	$\frac{\pi}{12}$	$\frac{\pi}{6}$	$\frac{\pi}{5}$	$\frac{\pi}{4}$	$\frac{\pi}{3}$	$\frac{\pi}{2}$	$\frac{3}{4}\pi$	π	$\frac{3}{2}\pi$	$\frac{5}{3}\pi$	2π

237

2. a) 22,5° ; 240° ; 67,5° ; 150° ; 15° ; 157,5° ; 270° ; 11,46° ; 360° ; 57,3°

   b) $\frac{\pi}{3}, \frac{\pi}{12}, \frac{\pi}{4}, \frac{3}{4}\pi, \frac{3}{2}\pi, \frac{16}{9}\pi, \frac{2}{3}\pi, \frac{4}{3}\pi, \frac{5}{9}\pi, -\frac{\pi}{4}, -\frac{5}{3}\pi, -\frac{2}{5}\pi$

3. 30° ; 0,55 ; 40° ; 0,7 ; 0,92 ; 55° ; 1,36 ; 80°

4. a) $\alpha = 1890°$; $x = 10{,}5\pi$

   b) $r = 32 \Rightarrow\ U = 2\pi r = 2{,}01\,\text{m} \ \Rightarrow\ 500\,\text{m}$ entspricht 248,68 Umdrehungen

   $0{,}68 = \frac{x}{2\pi} = \frac{\alpha}{360} \ \Rightarrow\ \alpha \approx 244{,}8° \ \Rightarrow$ Winkel zur Horizontalen: 64,8°

   c) $x = 32 \cdot \cos 25{,}2° \approx 28{,}95 \ \Rightarrow$

   Höhe der Markierungsmarke: 3,05 cm

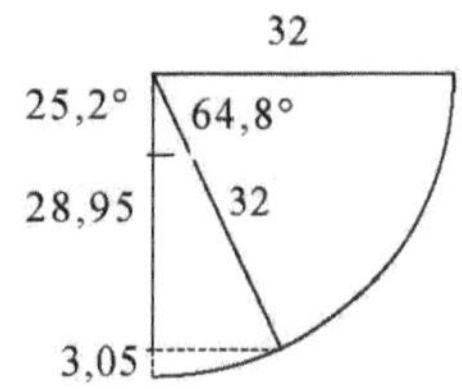

5. a) 1. Die Koordinaten eines Punktes auf dem Einheitskreis können alle Werte zwischen -1 und 1 annehmen. Das Bogenmaß x nimmt bei einem Umlauf alle Werte von 0 bis 2π an. Bei mehrfachen Umläufen kann x so beliebig große Werte annehmen. Bei entgegengesetzten Umläufen nimmt x die entsprechenden negativen Werte an. 238

   Also ist R die Definitionsmenge und $I = [1; -1]$ die Wertemenge.

   2. Nach jedem Umlauf (2π) wiederholen sich die Funktionswerte.

   3.

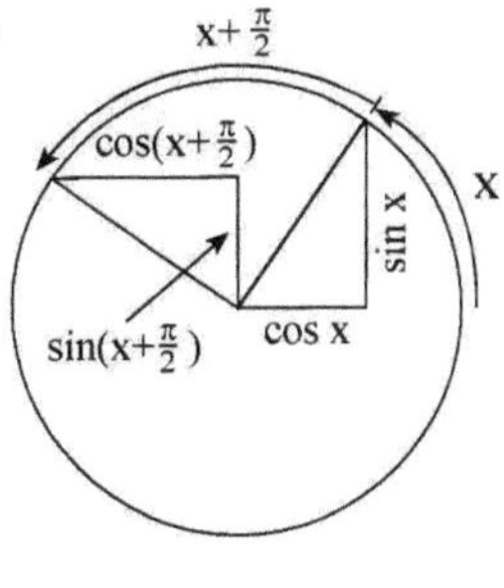

   4.

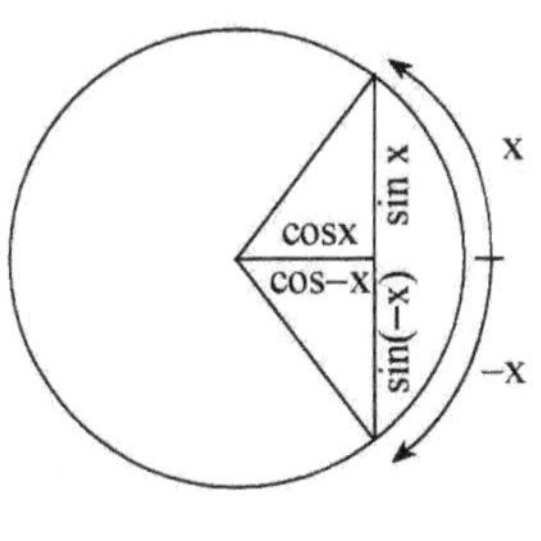

   5.

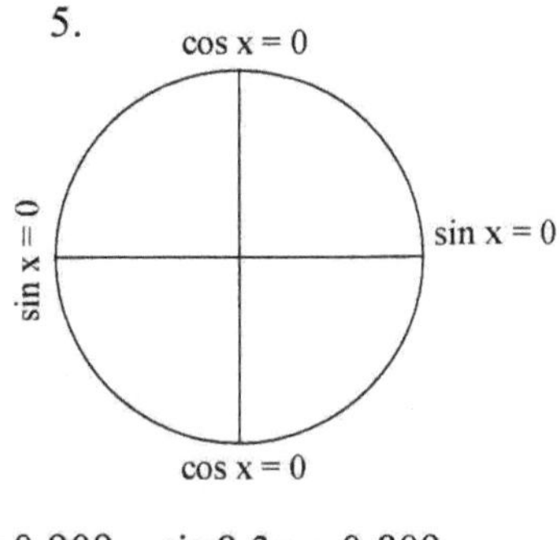

   b) $\sin 30° = 0{,}5$, $\sin\frac{\pi}{3} = 0{,}866$, $\sin 60° = 0{,}866$, $\sin 2 = 0{,}909$, $\sin 8{,}3\pi = 0{,}809$

   $\cos 0{,}5 = 0{,}878$, $\cos(-\frac{\pi}{3}) = 0{,}5$, $\cos 35° = 0{,}819$

239 6. Die Funktionswerte von sin x variieren periodisch zwischen −1 und 1.
Jeweils nach 2π (360°) nimmt sin x wieder den gleichen Funktionswert an.
Die Funktionswerte an x und −x unterscheiden sich nur im Vorzeichen.
An allen ganzzahligen Vielfachen von π schneidet der Graph von sin x die x-Achse.

7. Die Dreiecke sind kongruent
$\Rightarrow \quad \sin(-x) = -\sin x$

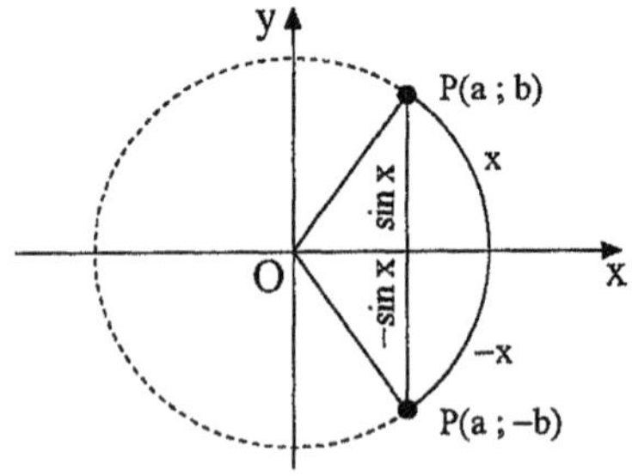

240 8. a) 0,7071 b) −1 c) 0,5403
d) −0,1455 e) 0 f) −0,9990

5. Sinusfunktionen

241 1.

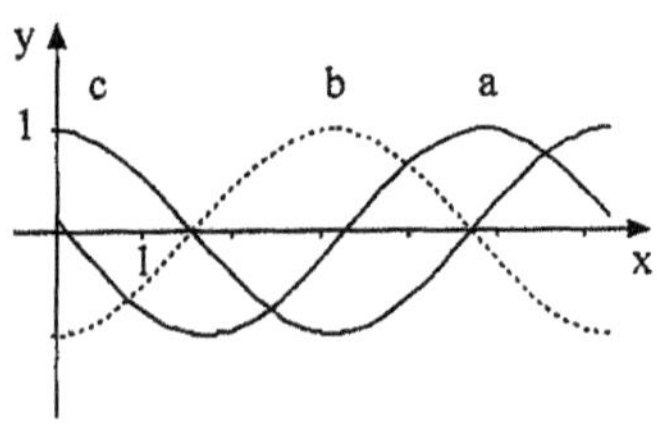

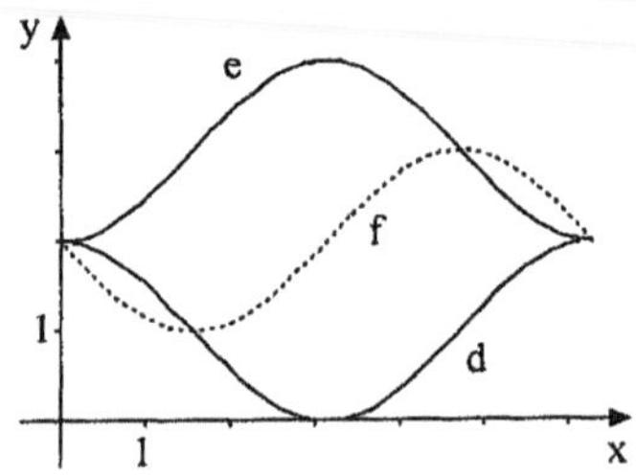

242 2.

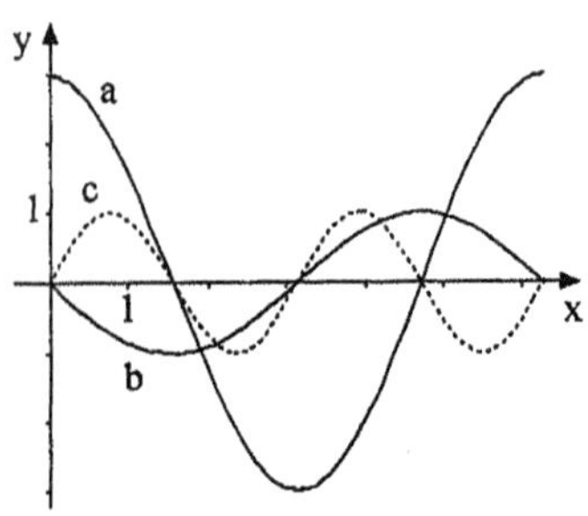

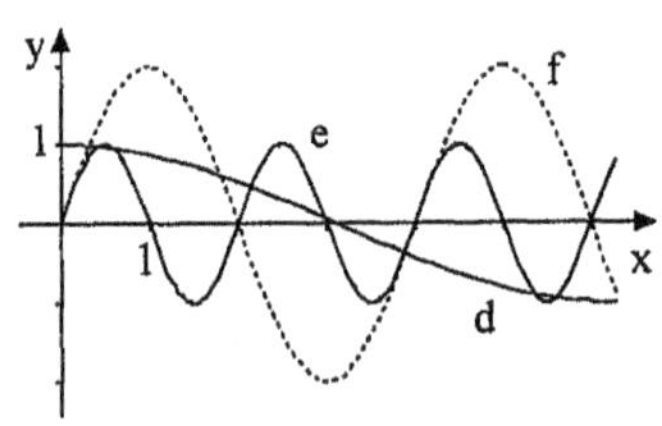

3. 243

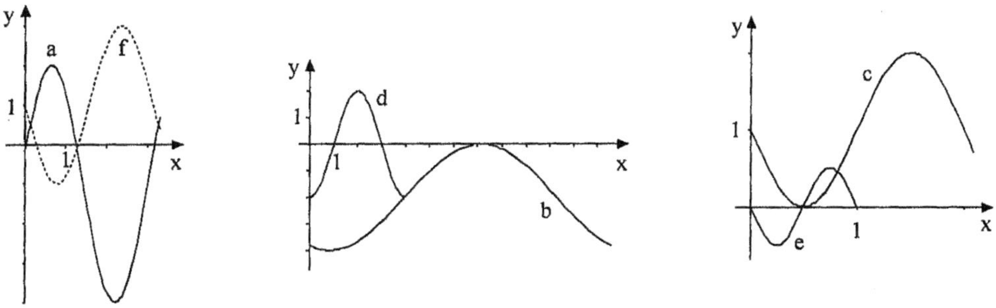

4. $f(x) = -2\sin(\pi x)$ $g(x) = -\sin(\pi x)$ $h(x) = 2\sin(\frac{\pi}{2}x)+1$

$k(x) = \sin(\frac{\pi}{3}(x-1))-2$

5. 244

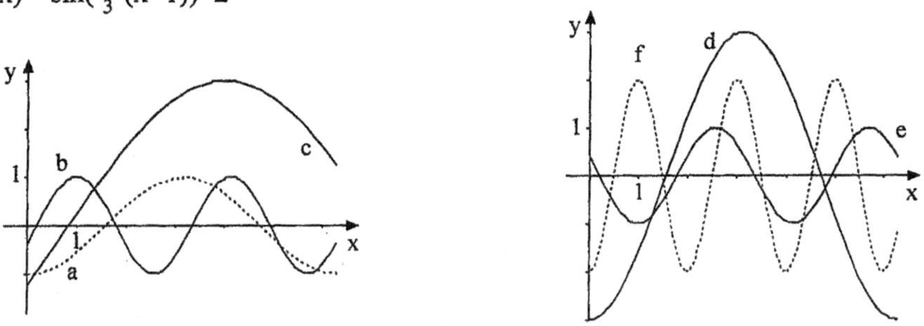

6. 245

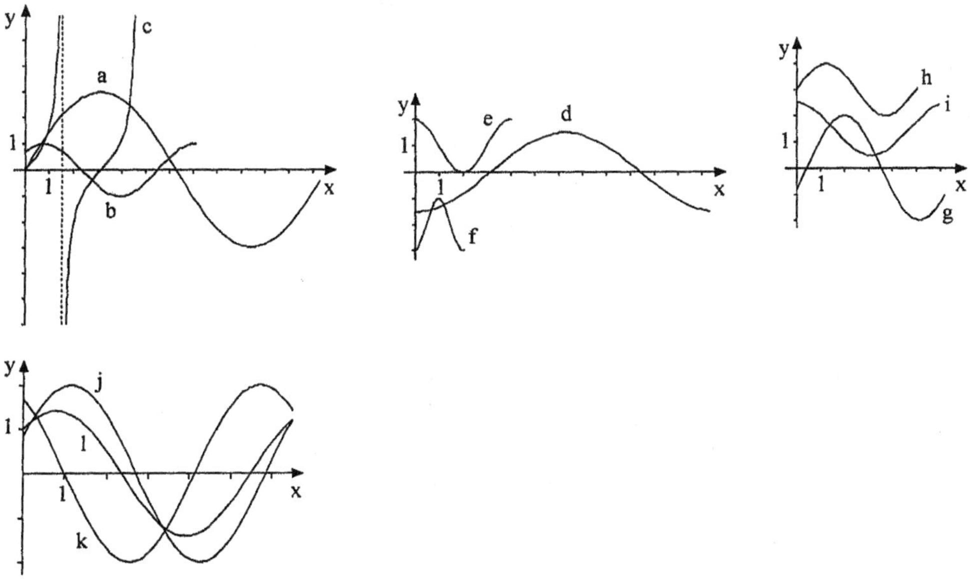

7. a) Streckung um 2,5

b) Verschiebung um $-\frac{\pi}{2}$ in x-Richtung, dann Verschiebung um -1 in y-Richtung

c) Verschiebung um $-\pi$ in x-Richtung

245 7. d) Verschiebung um $-\frac{\pi}{2}$ in x-Richtung, dann Halbierung der Periode
e) Streckung mit dem Faktor 2, anschließende Spiegelung an der x-Achse
f) Verschiebung um −3 in x-Richtung, Halbierung der Periode

8.

			Streckfaktor	x-Verschiebung	y-Verschiebung	Periode
A	→	5.	4	$-\pi$	keine	2π
B	→	3.	2	keine	keine	4π
C	→	6.	4	keine	keine	4π
D	→	4.	3	-2π	1	2π
E	→	7.	2	keine	keine	4π
F	→	9.	4	keine	2	4π
G	→	2.	4	$0{,}5\pi$	keine	2π
H	→	1.	−4	π	keine	2π
I	→	8.	4	keine	keine	π

9. a) $f((x) = \cos(\frac{\pi}{2}x)$ b) $f((x) = \sin(\frac{\pi}{2}(x+1))$

246 10. a)

Datum	Tag Nr.	Tageslänge in min
1. Jan	1	465,17
1. Feb	32	532,02
1. Mar	60	641,59
1. Apr	91	786,31
1. Mai	121	913,08
1. Jun	152	994,92
1. Jul	182	1005,37
1. Aug	213	942,20
1. Sep	244	821,37
1. Okt	274	681,06
1. Nov	305	551,10
1. Dez	335	473,54
31. Dez	365	463,94

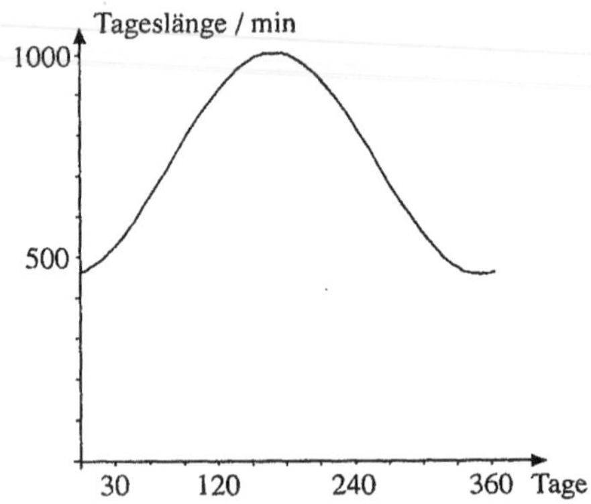

c) Periodenlänge $= \frac{2\pi}{0{,}0172} = 365{,}30$ Tage

d) Mittels Testeinsetzungen:
längster Tag: 171. Tag = 20. Juni mit L = 1010 min
kürzester Tag: 353. Tag = 19. Dezember mit L = 459 min

e) Tageslänge am 15. Juli: $L(196) = 985{,}56$ min

f) $275{,}5\sin[0{,}0172(t-80)] + 734{,}5 = 480$

$$\sin[0{,}0172(t-80)] = \frac{-254{,}5}{275{,}5} \Rightarrow \sin[0{,}0172(t-80)] \approx -0{,}9238$$

$$0{,}0172(t-80) \approx -1{,}178$$

$$t \approx 11{,}52$$

d.h. am 11. und 12. Januar je ca. 8 Stunden.

11. a) Die Höhe ist zur Zeit $t = 0$ am kleinsten (3m), zur Zeit $t = 10$ am höchsten (63m) und zur Zeit $t = 20$ wieder am niedrigsten (3m). 246

Daher eignet sich eine verschobene und gespiegelte Kosinusfunktion:

Ansatz: $h(t) = -A \cdot \cos(B(t - C)) + D$, $C = 0$

1. Amplitude: A = Durchmesser/2 = 30
2. Periode: $\frac{2\pi}{B} = 20 \Rightarrow B = \frac{\pi}{10}$

$h(t) = 33 - 30 \cdot \cos(bt)$

3. y-Verschiebung: $h(0) = 3$, $D = 33$

$h(t) = 33 - 30 \cdot \cos(\frac{\pi}{10} t)$

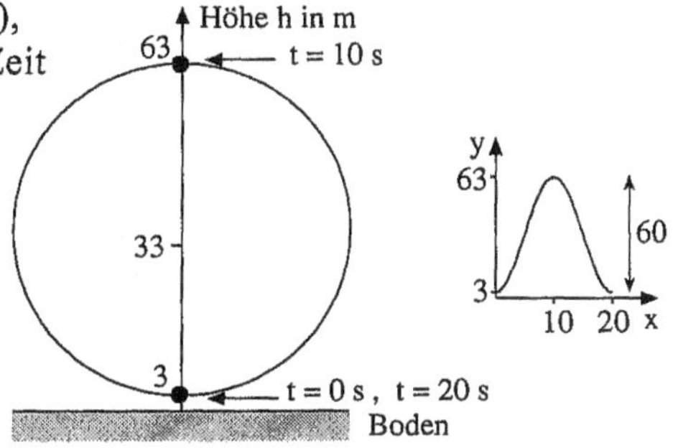

b)

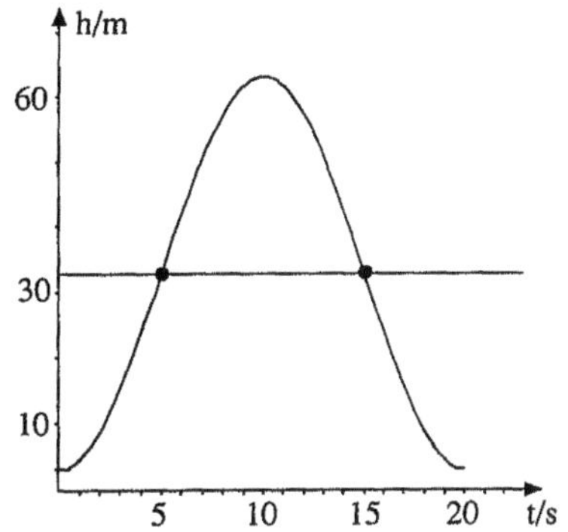

c) Ansatz: $h(t) = 45$

$\Rightarrow 33 - 30 \cdot \cos(\frac{\pi}{10} t) = 45$

$\cos(\frac{\pi}{10} t) = -0{,}4$

$\frac{\pi}{10} t \approx 1{,}98$

$t = 6{,}31$ s oder $t = 20 - 6{,}31 = 13{,}69$ s

$\Rightarrow$ Über 45 m ist die Gondel $13{,}69\text{ s} - 6{,}31\text{ s} = 7{,}38$ s.

d) Mittlere Steiggeschwindigkeit:

in der 1. Sekunde: $\frac{h(1)-h(0)}{1-0} \approx \frac{4{,}47-3}{1} = 1{,}47 \frac{m}{s}$

in der 5. Sekunde: $\frac{h(5)-h(4)}{5-4} \approx \frac{33-23{,}73}{1} = 9{,}27 \frac{m}{s}$

Aufstiegsphase dauert 60 Sekunden: $\frac{h(10)-h(0)}{10-0} = \frac{63-3}{10} = 6 \frac{m}{s}$

12.

A: richtig	B: falsch	C: falsch	D: richtig	E: falsch
	Periode ist π	tan x		zwischen 0 und 2

13. a) $T_{max} = 93{,}5°$ F, $T_{min} = 53{,}5°$ F $\Rightarrow A = \frac{T_{max} - T_{min}}{2} = 20°$ F 247

b) $\frac{2\pi}{B} = 12$ Monate, $B = \frac{\pi}{6}$

c) Man muss um 3 Monate nach links verschieben $\Rightarrow C = 3$.
Man muss um 73,5° F nach unten verschieben (Mittelwert von 53,5° F und 93,5° F).
$\Rightarrow D = 73{,}5°$ F

d) $T(t) = 20 \cdot \sin(\frac{\pi}{6}(t - 3)) + 73{,}5$

$T(2) = 20 \cdot \sin(-\frac{\pi}{6}) + 73{,}5 = 63{,}5°$ F, $T(8) = 20 \cdot \sin(\frac{\pi}{2}) + 73{,}5 = 82{,}5°$ F

Beide Werte stimmen mit den Diagrammdaten (März und September) in etwa überein.

e) heißester Tag: 1. Juli mit $T(6) = 93{,}5°$F ($T(6{,}1) = 93{,}47$; $T(5{,}9) = 93{,}47$)

f) mittlerer Temperaturanstieg: $\frac{T(6)-T(0)}{6-0} = \frac{93{,}5-53{,}5}{6} \approx 6{,}67 \frac{\text{Grad}}{\text{Tag}}$

247

14. a) Periodenlänge: 1
b) Der systolische Druck beträgt 120 mmHg.
Der diastolische Druck beträgt 80 mm Hg.
c)

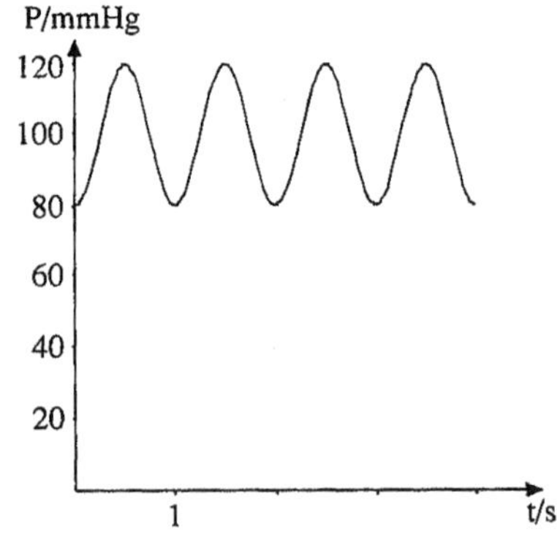

d) Anzahl der Druckspitzen pro Minute: 60
e) Ein Punmpvorgang dauert 1 Sek.
Die Hälft der Zeit über 100, die andere Hälfte unter 100.
Also 0,5s über 100.

Test

1.

x	$\frac{\pi}{2}$	$\frac{\pi}{6}$	$\frac{\pi}{4}$	$\frac{\pi}{3}$	$\frac{\pi}{6}$
sin x	1	$\frac{1}{2}$	$\frac{1}{2}\cdot\sqrt{2}$	$\frac{\sqrt{3}}{2}$	$\frac{1}{2}$

x	$\frac{\pi}{3}$	$\frac{\pi}{6}$	1	$0{,}7854 \approx \frac{\pi}{4}$	0
cos x	$\frac{1}{2}$	$\frac{\sqrt{3}}{2}$	0,5403	0,7071	1

252

2.

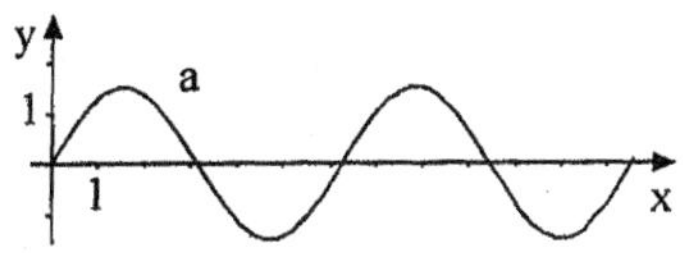

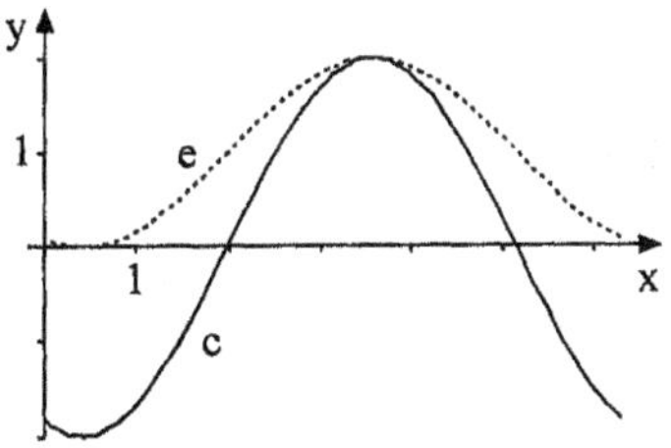

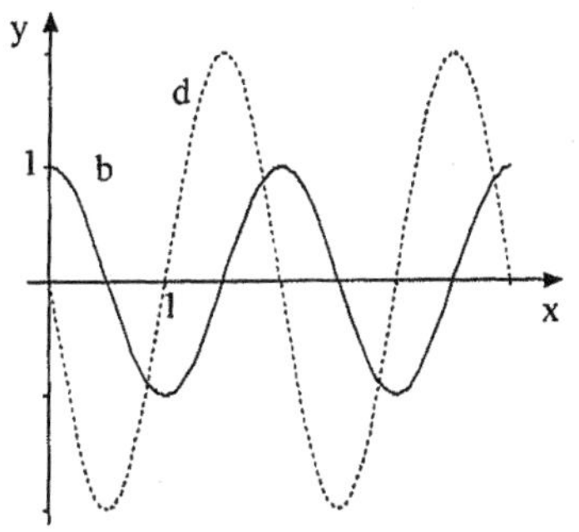

3. $g(x) = \sin(2x) + 1$ einziger Term mit y-Verschiebung 1
$h(x) = 2\sin(\pi x)$ einziger Term mit Streckfaktor 2 und Periode 2

4. a) $f(x) = 3\cdot\cos(\frac{x}{2})$

b) $3\cdot\cos(\frac{x}{2}) = 1 \quad \Leftrightarrow \quad \cos(\frac{x}{2}) = \frac{1}{3} \quad \Rightarrow \quad \frac{x}{2} \approx 1{,}23096 \quad \Rightarrow \quad x \approx 2{,}4619$

c) Für $x > 18$ gilt: $g(x) > 3$; für $x < -18$ gilt: $g(x) < -3$.
Anhand einer Skizze erkennt man, dass für $0 < x < 18$ f und g 3 Schnittpunkte und für $-18 < x < 0$ 2 Schnittpunkte besitzen.
Resultat: Es gibt 5 Schnittpunkte.

5. a) Taschenrechner: $x \approx 1{,}0472$

b) $2x = z, \quad \sin z = -0{,}8, \quad z \approx -0{,}9273, \quad z' \approx 4{,}0689$

$2x \approx -0{,}9273 + 2k\pi, \quad 2x' \approx 4{,}0689$

$x \approx -0{,}4637 + k\pi, \quad x' \approx 2{,}0344 + k\pi$

$x_1 \approx 2{,}6779, \quad x_2 \approx 2{,}0344$

VII. Grenzwerte und Änderungsraten

1. Grenzwerte von Folgen

255 1. a) $\frac{1}{3}, \frac{1}{4}, \frac{1}{5}, \frac{1}{6}, \frac{1}{7}, \frac{1}{8}, \frac{1}{9}, \frac{1}{10}, \frac{1}{11}$ b) $-2, 4, -8, 16, -32, 64, -128, 256, -512$

c) $0, 4, 0, 4, 0, 4, 0, 4, 0$ d) $2, \frac{3}{2}, \frac{4}{3}, \frac{5}{4}, \frac{6}{5}, \frac{7}{6}, \frac{8}{7}, \frac{9}{8}, \frac{10}{9}$

e) $1, 2, 2, 3, 2, 4, 2, 4, 3$

2. 2 5 10 17 26 37 50 65 ist eine sinnvolle Fortsetzung.
+3 +5 +7 +9 +11 +13 +15
Von Schritt zu Schritt nimmt die Differenz zweier Folgenglieder um 2 zu.

Ein dazu passendes explizites Bildungsgesetz ist $a_n = n^2 + 1$.
2 5 10 17 26 1 1 1 .... ist ebenfalls eine mögliche Fortsetzung, da durch die ersten 5 Glieder der Folge in keiner Weise festgelegt ist, wie die Folge weitergeht.

3. a) $1, 16, 81, 256, 625, 1296, 2401$; $a_n = n^4$

b) $1, \frac{1}{10}, \frac{1}{100}, \frac{1}{1000}, \frac{1}{10000}, \frac{1}{100000}, \frac{1}{1000000}$; $a_n = \frac{1}{10^{n-1}}$

c) $3, 5, 9, 17, 33, 65, 129$; $a_n = 2^n + 1$

d) $1, 9, 17, 25, 33, 41, 49$; $a_n = 8n - 7$

e) $9, 99, 999, 9999, \ldots$ kann dargestellt werden durch $a_n = 10^n - 1$.

$\Rightarrow$ $3, 33, 333, 3333, \ldots$ kann dargestellt werden durch $a_n = \frac{10^n - 1}{3}$.

f) $5, 10, 20, 40, 80, 160, 320$; $a_n = 5 \cdot 2^{n-1}$

4. a) $n = 10$ b) $n = 10000$ c) $n = 10$ d) $n = 8$ e) $n = 2$

f) Die Folge steigt streng monoton. Da ihre ersten vier Glieder $2, \frac{7}{2}, \frac{12}{3}, \frac{17}{4}$ lauten, kann $\frac{15}{4}$ durch die folgenden Glieder nicht angenommen werden.
Also nimmt kein Glied der Folge den Wert $\frac{15}{4}$ an.

256 5. a) $a_n = 4n - 1$ (arith.) b) $a_n = \frac{1}{4^{n-2}}$ (geom.) c) Weder noch !

d) $a_n = -\frac{1}{2}(-4)^{n-2}$ (geom.) e) $a_n = -10n + 14$ (arith.)

f) $a_n = \frac{1}{2^{n-3}}$ (geom.) g) $a_n = \frac{-3n+18}{10}$ (arith.) h) $a_n = 8 \cdot 3^{n-1}$ (geom.)

6. $t_n = 10 + (n - 25) \cdot 0{,}03$ ist die Temperatur in n Meter Tiefe.

a) $t_{10000} = 309{,}25$ °C ist die Temperatur in 10 km Tiefe.

b) Der Ansatz $t_n = 100$ führt auf n = 3025 m Tiefe. In 3025 m Tiefe siedet Wasser.
Hier ist allerdings nicht berücksichtigt, dass der Siedepunkt von Wasser, wegen des mit der Tiefe steigendes Luftdrucks etwas über 100 °C liegt.
Die Thermalquelle kommt tatsächlich aus ca. 1200 m Tiefe.

7. a) $a_n = 1000 \cdot 2^{\frac{n}{20}}$ (n = Zeit in Minuten)

b) $a_{1440} = 4{,}72 \cdot 10^{24}$; Länge $\approx 4{,}72 \cdot 10^{21}$ mm $= 4{,}72 \cdot 10^{15}$ km

c) Nach ca. 265,8 Minuten d) Nahrungsmangel, Platzmangel, etc.

8. a) Schülerschätzung 256
b) Durch praktisches Ausprobieren sieht man, dass maximal 8 Faltungen möglich sind.
c) nach 0 Faltungen: 0,06 mm , nach 1 Faltung: $0{,}06 \cdot 2$ mm
nach 2 Faltungen: $0{,}06 \cdot 2^2$ mm , ... , nach n Faltungen: $0{,}06 \cdot 2^n$ mm , $d_n = 0{,}06 \cdot 2^n$
d) $d_5 = 1{,}92$ mm , $d_{10} = 61{,}44$ mm
$d_{50} = 6{,}76 \cdot 10^{13}\,\text{mm} = 6{,}76 \cdot 10^{10}\,\text{m} = 6{,}76 \cdot 10^7\,\text{km} \approx 68$ Millionen km
e) Die Breite ist zu Beginn 800 mm. Sie halbiert sich jeweils in zwei Faltungsschritten. (In einem Schritt halbiert sich die Breite, im nächsten Schritt die Länge.)
Die Breite nach 2n Schritten lautet also: $b_{2n} = \frac{800}{2^n}$.
Die Dicke nach 2n Schritten ist nach c): $d_{2n} = 0{,}06 \cdot 2^{2n}$.

Also muss gelten: $b_{2n} = d_{2n}$, $\frac{800}{2^n} = 0{,}06 \cdot 2^{2n}$, $2^{3n} = \frac{800}{0{,}06}$, $3n \cdot \log 2 = \log \frac{800}{0{,}06}$

$$n = \frac{\log \frac{800}{0{,}06}}{3 \cdot \log 2} = 4{,}57 , \quad 2n \approx 9{,}14$$

Nach ca. 9 Faltungen ist das Blatt genauso dick wie breit.
Dies erklärt auch das Faltergebnis aus 1.b).
alternative Lösungsmöglichkeit:
Wir protokollieren Breite, Höhe und Dicke für einige Faltungschritte:

Anzahl der Faltungen	Breite	Höhe	Dicke
0	800 mm	600 mm	0,06 mm
1	400 mm	600 mm	0,12 mm
2	400 mm	300 mm	0,24 mm
3	200 mm	300 mm	0,48 mm
4	200 mm	150 mm	0,96 mm
5	100 mm	150 mm	1,92 mm
6	100 mm	75 mm	3,84 mm
7	50 mm	75 mm	7,68 mm
8	50 mm	37,5mm	15,36 mm
9	25 mm	37,5mm	30,72 mm

9. a) 0 b) –2 c) 1 d) 3 e) 3 f) 0 g) 1 259
h) 1 i) 0 j) –2

10. a) konvergent, 0 b) divergent c) divergent d) konvergent, 4
e) divergent f) konvergent, 0 g) divergent h) divergent
i) konvergent, 0 j) divergent

11. a) konvergent, 0 b) divergent, $\lim\limits_{x \to \infty} a_n = \lim\limits_{x \to \infty} (-n) = -\infty$

c) divergent, $\lim\limits_{x \to \infty} a_n = \lim\limits_{x \to \infty} (4+n) = +\infty$ d) konvergent, 1

259 11. e) divergent, $\lim\limits_{x\to\infty} a_n = \lim\limits_{x\to\infty} \sqrt{n} = +\infty$

f) divergent, kein uneigentlicher Grenzwert, pendelt alternierend auf +1 und −1 zu.

g) divergent, $\lim\limits_{x\to\infty} a_n = \lim\limits_{x\to\infty} \frac{n^2+1}{n} = +\infty$

h) divergent, kein uneigentlicher Grenzwert, pendelt alternierend auf $+\infty$ und $-\infty$ zu.

i) divergent, $\lim\limits_{x\to\infty} a_n = \lim\limits_{x\to\infty} (n-n^2) = -\infty$

j) konvergent, 4

12. a) $a_n = \frac{n+1}{n}$; $b_n = 1+\frac{2}{n^2}$ b) $a_n = \frac{-3n+2}{n}$; $b_n = -3$ c) $a_n = \frac{1}{n}$; $b_n = -\frac{1}{n^2}$

d) $a_n = \frac{n^2}{n+1}$; $b_n = n+\frac{(-1)^n}{n}$ e) $a_n = -\frac{n}{\sqrt{n}+1}$; $b_n = -n+\frac{1}{n}$

13. a) $\lim\limits_{n\to\infty} \frac{3}{n} = 0$, $n = 31$ b) $\lim\limits_{n\to\infty} \frac{n+20}{n} = 1$, $n = 2001$ c) $\lim\limits_{n\to\infty} \frac{1}{n^2} = 1$, $n = 32$

14. a)
$$\left.\begin{matrix} a_1 = 1 \\ a_2 = 1{,}1 \\ a_3 = 1{,}11 \\ a_4 = 1{,}111 \end{matrix}\right\} \Rightarrow \lim_{n\to\infty} a_n = 1{,}\overline{1} = \frac{10}{9}$$

b) $\lim\limits_{n\to\infty} (\frac{2}{3})^n = 0$, $\lim\limits_{n\to\infty} (\frac{7}{6})^n = +\infty$

c) q^n hat den Grenzwert 0, wenn $|q| < 1$ gilt.

$\left|\frac{2x+2}{x+6}\right| < 1 \Leftrightarrow \frac{2x+2}{x+6} < 1$ (Da $x > 0$), $2x+2 < x+6$, $x < 4$

Die Folge hat den Grenzwert null für alle Werte von x mit $0 < x < 4$.

261 15. a) $\lim\limits_{n\to\infty} a_n = 2$, $\lim\limits_{n\to\infty} b_n = 1$, $a_n + b_n \to 3$, $a_n - b_n \to 1$, $a_n \cdot b_n \to 2$, $a_n : b_n \to 2$

b) $\lim\limits_{n\to\infty} a_n = 3$, $\lim\limits_{n\to\infty} b_n = 2$, $a_n + b_n \to 5$, $a_n - b_n \to 1$, $a_n \cdot b_n \to 6$, $a_n : b_n \to 1{,}5$

c) $\lim\limits_{n\to\infty} a_n = 3$, $\lim\limits_{n\to\infty} b_n = 4$

$a_n + b_n \to 7$, $a_n - b_n \to -1$, $a_n \cdot b_n \to 12$, $a_n : b_n \to 0{,}75$

d) $\lim\limits_{n\to\infty} a_n = 1$, $\lim\limits_{n\to\infty} b_n = 0$

$a_n + b_n \to 1$, $a_n - b_n \to 1$, $a_n \cdot b_n \to 0$, $a_n : b_n$ divergent

16. a) $\lim\limits_{n\to\infty} (2+\frac{3}{n^2}) = \lim\limits_{n\to\infty} 2 + \lim\limits_{n\to\infty} \frac{3}{n^2} = 2+0 = 2$ (GWS für +)

b) $\lim\limits_{n\to\infty} \frac{3n-2}{2+n} = \lim\limits_{n\to\infty} \frac{3-\frac{2}{n}}{\frac{2}{n}+1} = \frac{\lim\limits_{n\to\infty} 3 - \lim\limits_{n\to\infty} \frac{2}{n}}{\lim\limits_{n\to\infty} \frac{2}{n} - \lim\limits_{n\to\infty} 1} = \frac{3-0}{0+1} = 3$ (GWS für +, −, :)

c) $\lim\limits_{n\to\infty} \frac{2n^2+n-5}{4n-2n^2} = \lim\limits_{n\to\infty} \frac{2+\frac{1}{n}-\frac{5}{n^2}}{\frac{4}{n}-2} = \frac{\lim\limits_{n\to\infty} 2 + \lim\limits_{n\to\infty} \frac{1}{n} - \lim\limits_{n\to\infty} \frac{5}{n^2}}{\lim\limits_{n\to\infty} \frac{4}{n} - \lim\limits_{n\to\infty} 2} = \frac{2+0-0}{0-2} = -1$ (GWS für +, −, :)

16. d) $\lim\limits_{n\to\infty} \frac{n+\frac{1}{n}}{n} = \lim\limits_{n\to\infty} \frac{1+\frac{1}{n^2}}{1}) = \frac{\lim\limits_{n\to\infty} 1 \cdot \lim\limits_{n\to\infty} \frac{1}{n^2}}{\lim\limits_{n\to\infty} 1} = \frac{1+0}{1} = 1$, (GWS für +,:) 261

e) $\lim\limits_{n\to\infty} \frac{3n+1}{4n+(-1)^n} = \lim\limits_{n\to\infty} \frac{3+\frac{1}{n}}{4+\frac{(-1)^n}{n}} = \frac{\lim\limits_{n\to\infty} 3+ \lim\limits_{n\to\infty} \frac{1}{n}}{\lim\limits_{n\to\infty} 4+ \lim\limits_{n\to\infty} \frac{(-1)^n}{n}} = \frac{3+0}{4+0} = 0{,}75$ (GWS für +,:)

f) $\lim\limits_{n\to\infty} (\frac{4n}{2n+1} + (\frac{1}{10})^n) = \lim\limits_{n\to\infty} (\frac{4}{2+\frac{1}{n}} + (\frac{1}{10})^n) = \frac{\lim\limits_{n\to\infty} 4}{\lim\limits_{n\to\infty} 2+ \lim\limits_{n\to\infty} \frac{1}{n}} + \lim\limits_{n\to\infty} (\frac{1}{10})^n$

$= \frac{4}{2+0} + 0 = 2$ (GWS für +,:)

g) $\lim\limits_{n\to\infty} (\frac{3n+1}{n} \cdot (-\frac{1}{4})^n) = \lim\limits_{n\to\infty} (\frac{3+\frac{1}{n}}{1} \cdot (-\frac{1}{4})^n) = \frac{\lim\limits_{n\to\infty} 3+ \lim\limits_{n\to\infty} \frac{1}{n}}{\lim\limits_{n\to\infty} 1} \cdot \lim\limits_{n\to\infty} (-\frac{1}{4})^n$

$= \frac{3+0}{1} \cdot 0 = 0$ (GWS für +,·,:)

h) $\lim\limits_{n\to\infty} \frac{(n-1)(2n+1)}{n^2-n^3} = \lim\limits_{n\to\infty} \frac{4n^3-3n-1}{n^2-n^3} = \lim\limits_{n\to\infty} \frac{4-\frac{3}{n^2}-\frac{1}{n^3}}{\frac{1}{n}-1} = \frac{\lim\limits_{n\to\infty} 4- \lim\limits_{n\to\infty} \frac{2}{n^2}- \lim\limits_{n\to\infty} \frac{1}{n^3}}{\lim\limits_{n\to\infty} \frac{1}{n}- \lim\limits_{n\to\infty} 1}$

$= \frac{4-0-0}{0-1} = -4$ (GWS für +,−,:)

17. Da der Nennergrad 0 ist, ist der Grenzwertsatz für Quotienten zunächst nicht anwendbar. Er wird anwendbar, wenn man zunächst mit n erweitert.

$$\lim\limits_{n\to\infty} \frac{\frac{6}{n}+\frac{1}{n^2}}{\frac{1}{n}} = \lim\limits_{n\to\infty} \frac{6+\frac{1}{n}}{1} = \frac{\lim\limits_{n\to\infty} 6+ \lim\limits_{n\to\infty} \frac{1}{n}}{\lim\limits_{n\to\infty} 1} = \frac{6+0}{1} = 6$$

18. a) $\lim\limits_{n\to\infty} (\frac{2}{n} + \frac{1}{n^2}) = \lim\limits_{n\to\infty} \frac{2}{n} + \lim\limits_{n\to\infty} \frac{1}{n^2} = 0 + 0 = 0$

b) $\lim\limits_{n\to\infty} \frac{3n+1}{n+2} = \lim\limits_{n\to\infty} \frac{3+\frac{1}{n}}{1+\frac{2}{n}} = \frac{3+0}{1+0} = 3$

c) $\lim\limits_{n\to\infty} \frac{8n+2}{n^2+n} = \lim\limits_{n\to\infty} \frac{\frac{8}{n}+\frac{2}{n^2}}{1+\frac{1}{n}} = \frac{0+0}{1+0} = 0$

d) $\lim\limits_{n\to\infty} \frac{n^2+n+4}{n(n+2)} = \lim\limits_{n\to\infty} \frac{n^2+n+4}{n^2+2n} = \lim\limits_{n\to\infty} \frac{1+\frac{1}{n}+\frac{4}{n^2}}{1+\frac{2}{n}} = \frac{1+0+0}{1+0} = 1$

e) $\lim\limits_{n\to\infty} \frac{2n+2}{(n+1)\cdot 2^n} = \lim\limits_{n\to\infty} (\frac{2n+2}{n+1} \cdot (\frac{1}{2})^n) = \lim\limits_{n\to\infty} \frac{2+\frac{2}{n}}{1+\frac{1}{n}} \cdot \lim\limits_{n\to\infty} (\frac{1}{2})^n = \frac{2+0}{1+0} \cdot 0 = 0$

f) $\lim\limits_{n\to\infty} (4-\frac{1}{n^2})(\frac{n+1}{n}) = \lim\limits_{n\to\infty} ((4-\frac{1}{n^2}) \cdot \frac{1+\frac{1}{n}}{1}) = \lim\limits_{n\to\infty} (4-\frac{1}{n^2}) \cdot \lim\limits_{n\to\infty} \frac{1+\frac{1}{n}}{1} = (4-0) \cdot (\frac{1+0}{1}) = 4$

g) $\lim\limits_{n\to\infty} \frac{n-\frac{1}{n}}{n^2-\frac{1}{n^2}} = \lim\limits_{n\to\infty} \frac{\frac{1}{n}-\frac{1}{n^3}}{1-\frac{1}{n^4}} = \frac{0-0}{1-0} = 0$

h) $\lim\limits_{n\to\infty} \frac{\frac{2}{n}}{\frac{3}{n^2}-\frac{1}{n}} = \lim\limits_{n\to\infty} \frac{2}{\frac{3}{n}-1} = \frac{2}{0-1} = -2$

261 19. a) richtig b) falsch, $a_n = n + \frac{1}{n}$ (div), $b_n = n$ (div), $a_n - b_n = \frac{1}{n} \to 0$
c) richtig d) richtig
e) falsch, $a_n = 1$, jedes Glied ist gleich dem Grenzwert
f) falsch, $a_n = \frac{1}{n}$ ist konvergent, $b_n = \frac{1}{a_n} = n$ ist divergent
g) falsch, $a_n = 1 + \frac{1}{n}$ (2; 1,5; 1,33; ...), $\lim\limits_{n\to\infty} a_n = 1 \neq 0$

263 20. Es sind 10+9+8+7+6 = 40 Rohre dargestellt.

Das sind $100+99+98+ \ldots +52+51 = \frac{100\cdot 101}{2} - \frac{50\cdot 51}{2} = 3775$ Rohre.

21. Alleine auf das 64. Feld kämen so $2^{63} = 9223372036854775808$ Körner.
Das entspricht einer Masse von über 460 Milliarden Tonnen Weizen.

22. Für die Höhe gilt: $a = 1 + \frac{1}{2} + \frac{1}{4} + \ldots = \frac{1}{1-\frac{1}{2}} = 2$, für die Breite gilt $b = 2a = 4$.

Test

266 1. a) 3, 6, 11, 20, 37
b) $n^2 + 2n - 168 = 0$, $n = 12$
c) $\frac{1}{n^2+n} < \frac{1}{1000}$, $1000 < n^2 + n$, $0 < n^2 + n - 1000$, $n = -0{,}5 \pm \sqrt{1000{,}25}$, $n > 31$

2. a) 1, 8, 27, 64 | 125, 216, 343 | n^3
b) 2, 4, 8 | 16, 32, 64 | 2^n
c) 2, 20, 4, 18, 6 | 16, 8 | 2 gemischte Folgen
d) 8, 13, 18 | 23, 28, 33 | 8+5(n−1)
e) 2, 5, 10, 17, 26, |37, 50 | $a_{n+1} = a_n + (2n+1)$

3. a) $a_n = n^2$ b) $a_n = 2\cdot 10^{1-n}$ c) $a_n = 2 + 2^n$
d) $a_n = 2 + 8(n-1)$ e) $a_n = 6\cdot 2^{n-1}$

4. a) $K_n = 2000\cdot 1{,}06^n$ b) $K_n = 2000\cdot 1{,}06^n > 4000$, nach 12 Jahren

5. a) $g = 2$ b) $g = -1$ c) $g = 0$

6. a) konvergent gegen 0
b) divergent
c) divergent
d) konvergent gegen 0
e) konvergent gegen 1
f) divergent

2. Grenzwerte von Funktionen

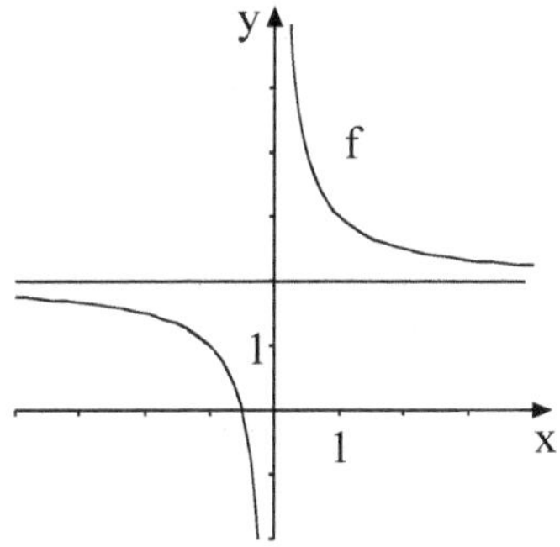

1. a) $\lim\limits_{n \to -\infty} \frac{2x+1}{x} = 2$ 267

x	−1	−10	−100	−1000	$\to -\infty$
f(x)	1	1,9	1,99	1,999	$\to 2$

b) $\lim\limits_{x \to \infty} \frac{x+1}{x^2} = 0$

x	1	10	100	1000	$\to \infty$
f(x)	2	0,11	0,0101	0,001001	$\to 0$

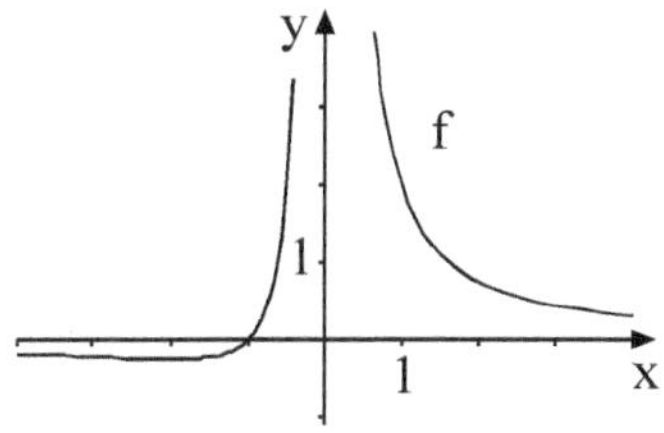

2. a) $\lim\limits_{x \to \infty} \frac{4x-1}{x} = \lim\limits_{x \to \infty} (4 - \frac{1}{x}) = \lim\limits_{x \to \infty} 4 - \lim\limits_{x \to \infty} \frac{1}{x} = 4 - 0 = 4$ 268

b) $\lim\limits_{x \to \infty} \frac{3x^2-4}{x^2} = \lim\limits_{x \to \infty} \frac{3-\frac{4}{x^2}}{1} = \frac{\lim\limits_{x \to \infty} 3 - \lim\limits_{x \to \infty} \frac{4}{x^2}}{\lim\limits_{x \to \infty} 1} = \frac{3-0}{1} = 3$

c) $\lim\limits_{x \to -\infty} \frac{2x+x^2}{x^2} = \lim\limits_{x \to -\infty} (\frac{\frac{2}{x}+1}{1}) = \frac{\lim\limits_{x \to -\infty} \frac{2}{x} + \lim\limits_{x \to -\infty} 1}{\lim\limits_{x \to -\infty} 1} = \frac{0+1}{1} = 1$

3. a) $\lim\limits_{x \to \infty} \frac{x^2-x}{3x^2} = \frac{1}{3}, \quad \lim\limits_{x \to -\infty} \frac{x^2-x}{3x^2} = \frac{1}{3}$

b) $\lim\limits_{x \to \infty} \frac{3-11x^3}{10x^3} = -1{,}1, \quad \lim\limits_{x \to -\infty} \frac{3-11x^3}{10x^3} = -1{,}1$

c) $\lim\limits_{x \to \infty} \frac{x^2-1}{x(x-1)} = \lim\limits_{x \to \infty} \frac{x+1}{x} = \lim\limits_{x \to \infty} \frac{1+\frac{1}{x}}{1} = 1, \quad \lim\limits_{x \to -\infty} \frac{x^2-1}{x(x-1)} = 1$

4. zu Beginn: $T(0) = 20$, also 20°C

Grenztemperatur: $\lim\limits_{t \to \infty} T(t) = 50$, also 50°C

5. a) $\lim\limits_{x \to 5} \frac{x^2-25}{x-5} = 10$ 271

x	4,5	4,9	4,99	4,999	5
f(x)	9,5	9,9	9,99	9,999	10

x	5,5	5,1	5,01	5,001	5
f(x)	10,5	10,1	10,01	10,001	10

271 5. b) $\lim\limits_{x\to 3}\frac{3x^2-27}{x-3}=18$

x	2,5	2,9	2,99	2,999	→ 3
f(x)	16,5	17,7	17,97	17,997	→ 18

x	3,5	3,1	3,01	3,001	→ 3
f(x)	19,5	18,3	18,03	18,001	→ 18

c) $\lim\limits_{x\to 1}\frac{x^3-x}{x-1}=2$

x	0,5	0,9	0,99	0,999	→ 1
f(x)	0,75	1,71	1,97	1,997	→ 2

x	1,5	1,1	1,01	1,001	→ 1
f(x)	3,75	2,31	2,03	2,003	→ 2

d) $\lim\limits_{x\to -2}\frac{x^4-16}{x+2}=-32$

x	–2,5	–2,1	–2,01	–2,001	→ –2
f(x)	–46,13	–34,48	–32,24	–32,024	→ –32

x	–1,5	–1,9	–1,99	–1,999	→ –2
f(x)	–21,88	–29,68	–31,76	–31,976	→ –32

6. a) $\lim\limits_{x\to 3}\frac{x^2-9}{2x-6}=3$

x	2,5	2,9	2,99	2,999	→ 3
f(x)	2,75	2,95	2,995	2,9995	→ 3

x	3,5	3,1	3,01	3,001	→ 3
f(x)	3,25	3,05	3,005	3,0005	→ 3

b) divergent

x	–0,5	–0,1	–0,01	–0,001	→ –0
f(x)	–1	–9	–99	–999	→ –∞

x	0,5	0,1	0,01	0,001	→ +0
f(x)	3	11	101	1001	→ ∞

c) $\lim\limits_{x\to 0}\frac{x+1}{x^2}=\infty$
(uneig. Grenzw.)

x	–0,5	–0,1	–0,01	–0,001	→ –0
f(x)	2	90	9900	999000	→ ∞

x	0,5	0,1	0,01	0,001	→ +0
f(x)	6	110	10100	1001001	→ ∞

7. a) $\lim\limits_{x\to 4}\frac{x^2-16}{x-4}=\lim\limits_{x\to 4}\frac{(x-4)(x+4)}{x-4}=\lim\limits_{x\to 4}(x+4)=8$ 271

b) $\lim\limits_{x\to -1}\frac{x^3-x}{x+1}=\lim\limits_{x\to -1}\frac{x(x-1)(x+1)}{x+1}=\lim\limits_{x\to -1}(x(x-1))=2$

c) $\lim\limits_{x\to 3}\frac{3-x}{2x^2-6x}=\lim\limits_{x\to 3}\frac{3-x}{2x(x-3)}=\lim\limits_{x\to 3}\frac{1}{-2x}=-\frac{1}{6}$

d) $\lim\limits_{x\to 2}\frac{x^4-16}{x-2}=\lim\limits_{x\to 2}\frac{(x^2+4)(x^2-4)}{x-2}=\lim\limits_{x\to 2}\frac{(x^2+4)(x+2)(x-2)}{x-2}=\lim\limits_{x\to 2}[(x+4)^2(x+2)]=144$

8. a) $\lim\limits_{x\to -3}\frac{2x^2-18}{x+3}=\lim\limits_{h\to 0}\frac{2(-3+h)^2-18}{(-3+h)+3}=\lim\limits_{h\to 0}\frac{-12h+2h^2}{h}=\lim\limits_{h\to 0}(-12+2h)=-12$

b) $\lim\limits_{x\to 5}\frac{x^2-7x+10}{x-5}=\lim\limits_{h\to 0}\frac{(5+h)^2-7(5+h)+10}{(5+h)-5}=\lim\limits_{h\to 0}\frac{h^2+3h}{h}=\lim\limits_{h\to 0}(h+3)=3$

c) $\lim\limits_{x\to 1}\frac{x^2-x}{x-1}=\lim\limits_{h\to 0}\frac{(1+h)^2-(1+h)}{(1+h)-1}=\lim\limits_{h\to 0}\frac{h^2+h}{h}=\lim\limits_{h\to 0}(h+1)=1$

d) $\lim\limits_{x\to x_0}\frac{x^2-x_0^2}{x-x_0}=\lim\limits_{h\to 0}\frac{(x_0+h)^2-x_0^2}{(x_0+h)-x_0}=\lim\limits_{h\to 0}\frac{2x_0h+h^2}{h}=\lim\limits_{h\to 0}(2x_0+h)=2x_0$

9. a) ∞ b) 0 c) ∞

10. Gerade: $y=-\frac{1}{3}x+\frac{4}{3}$
Die Gerade schneidet die x-Achse bei $x=4$
Länge der Treppe: 4

11. a) mit TR: x= 1000: 0,4998751 ; x = 100000: 0,5

Rechnung: $\lim\limits_{x\to\infty}(\sqrt{x^2+x}-x)=\lim\limits_{x\to\infty}(x(\sqrt{1+\frac{1}{x}}-1))=\lim\limits_{x\to\infty}\left(x\frac{(\sqrt{1+\frac{1}{x}}-1)\cdot(\sqrt{1+\frac{1}{x}}+1)}{(\sqrt{1+\frac{1}{x}}+1)}\right)$

$=\lim\limits_{x\to\infty}\left(x\frac{\frac{1}{x}}{(\sqrt{1+\frac{1}{x}}+1)}\right)=\lim\limits_{x\to\infty}\left(\frac{1}{(\sqrt{1+\frac{1}{x}}+1)}\right)=\frac{1}{2}$

b) mit TR: x = 0,1: 0,794... ; x = 0,0001: 0,999079... ; x = 0000001: 0,999998...

c) $a_n^2-4a_n+4-\frac{1}{n^2}=0$, $a_n=2\pm\frac{1}{n}\to 2$ für $n\to\infty$

272 12. a)

x	−10	−100	−1000	$\to -\infty$
f(x)	−2,63	−2,05	−2,005	$\to -2$

$\lim\limits_{x\to-\infty} \frac{1-2x}{x+2} = -2$

x	10	100	1000	$\to \infty$
f(x)	−1,58	−1,95	−1,995	$\to -2$

$\lim\limits_{x\to\infty} \frac{1-2x}{x+2} = -2$

b)

x	−10	−100	−1000	$\to -\infty$
f(x)	1,15	1,02	1,002	$\to 1$

$\lim\limits_{x\to-\infty} \frac{x^2-2x}{x^2+4} = 1$

x	10	100	1000	$\to \infty$
f(x)	0,77	0,98	0,998	$\to 1$

$\lim\limits_{x\to\infty} \frac{x^2-2x}{x^2+4} = 1$

13. a) $f(3{,}999) = 15{,}998$, $f(4{,}001) = 16{,}002$, $\lim\limits_{x\to 4} f(x) = 16$

b) Termumformung: $\lim\limits_{x\to 4} f(x) = \lim\limits_{x\to 4} \frac{2x^2-32}{x-4} = \lim\limits_{x\to 4} \frac{2(x-4)(x+4)}{x-4} = \lim\limits_{x\to 4} 2(x+4) = 16$

h-Methode: $\lim\limits_{h\to 0} f(x+h) = \lim\limits_{h\to 0} \frac{2(4+h)^2-32}{4+h-4} = \lim\limits_{h\to 0} \frac{32+16h+2h^2-32}{h} = \lim\limits_{h\to 0}(16+2h) = 16$

14. $f(-0{,}001) = 1{,}002$, $f(0{,}001) = -0{,}998$, kein Grenzwert

linksseitiger Grenzwert: $\lim\limits_{\substack{x\to 0\\ x<0}} \frac{2x^2-x}{|x|} = \lim\limits_{\substack{x\to 0\\ x<0}} \frac{2x^2-x}{-x} = \lim\limits_{x\to 0}(-2x+1) = 1$

rechtsseitiger Grenzwert: $\lim\limits_{\substack{x\to 0\\ x>0}} \frac{2x^2-x}{|x|} = \lim\limits_{\substack{x\to 0\\ x>0}} \frac{2x^2-x}{x} = \lim\limits_{x\to 0}(2x-1) = -1$

$\Rightarrow \lim\limits_{x\to 0} \frac{2x^2-x}{|x|}$ existiert nicht

15. $f(x) = \frac{2x+1}{x}$ bzw. $f(x) = \frac{x-1}{x-1}(x+1) = \frac{4x^2+x}{2x+1}$

16. a) Anfangstemperatur: $T(0) = 20$ b) Temperatur zur Zeit $t = 3$: $T(3) = 34$

c) Grenztemperatur: $\lim\limits_{t\to\infty}\left(10 + \frac{30}{1+2^{1-t}}\right) = 40°$

d) $0{,}99 \cdot 40 = 39{,}6$

$39{,}6 = 10 + \frac{30}{1+2^{1-t}}$, $29{,}6(1+2^{1-t}) = 30$, $2^{1-t} = \frac{30}{29{,}6} - 1$, $t \approx 7{,}21$

Nach ca. 7,21 min, also in der 8. Minute werden 99% der Grenztemperatur erreicht.

17. **Druckfehler im Lehrbuch, 1. Druck:** $\lim\limits_{x\to\infty} \frac{x^2}{4-x}$, rechts 8 statt 6

$\lim\limits_{x\to-\infty} \frac{2x}{x-2} = 2$, $\lim\limits_{x\to\infty} \frac{x^2}{4-x} = -\infty$, $\lim\limits_{x\to 2} \frac{2x^2-8}{x-2} = 8$

$\lim\limits_{x\to 0} \frac{x^3-x}{x} = -1$, $\lim\limits_{x\to-\infty} \frac{3x}{x-x^2} = 0$, $\lim\limits_{x\to 2}\left(x^2 + \frac{1}{x}\right) = 4{,}5$

Test

1. $g = -2$ 274

2. $g = -2$

3. $2\frac{x^2-16}{x-4} = 2\frac{(x-4)(x+4)}{x-4} = 2(x+4)$, $f(x) \to 16$ für $x \to 4$

   bzw. $\lim\limits_{h\to 0} 2\frac{(4+h)^2-16}{4+h-4} = \lim\limits_{h\to 0} 2\frac{8h+h^2}{h} = \lim\limits_{h\to 0} 2(8+h) = 16$

4. $f(x) = \frac{1}{x}$, $\lim\limits_{\substack{x\to 0\\ x<0}} \frac{1}{x} = -\infty$, $\lim\limits_{\substack{x\to 0\\ x>0}} \frac{1}{x} = \infty$

   $g(x) = \frac{x}{|x|}$, $\lim\limits_{\substack{x\to 0\\ x<0}} \frac{x}{|x|} = -1$, $\lim\limits_{\substack{x\to 0\\ x>0}} \frac{x}{|x|} = 1$

5. $\lim\limits_{\substack{x\to 0\\ x<0}} \frac{2x^2-x}{|x|} = 1$, $\lim\limits_{\substack{x\to 0\\ x>0}} \frac{2x^2-x}{|x|} = -1$

6. a) $T(1) = 5$
   b) $T \to 8$ für $x \to \infty$
   c) $T(2) = 6$, also nach 2 Zehntelsekunden

7. $$\lim\limits_{x\to 2} \frac{x^2-4a}{x-2} = \lim\limits_{x\to 2}\left[(x+2) + 4\cdot\frac{1-a}{x-2}\right] = \begin{cases} 4 & \text{für } a = 1 \\ \infty & \text{für } a < 1, x > 2 \\ -\infty & \text{für } a < 1, x < 2 \\ -\infty & \text{für } a > 1, x > 2 \\ \infty & \text{für } a > 1, x < 2 \end{cases}$$

3. Die mittlere Änderungsrate

276 1. a) Zeitraum: mittlere Wachstumsrate $\frac{\Delta f}{\Delta t}$ in Mio Personen / Jahr

1870 - 1890: $\frac{10}{20} = 0{,}50$ Mio / Jahr

1890 - 1920: $\frac{35}{30} \approx 1{,}17$ "

1920 - 1930: $\frac{10}{10} = 1{,}00$ "

1930 - 1950: $\frac{5}{20} = 0{,}25$ "

1950 - 1990: $-\frac{5}{40} = -0{,}125$ "

1990 - 2000: $\frac{5}{10} = 0{,}5$ "

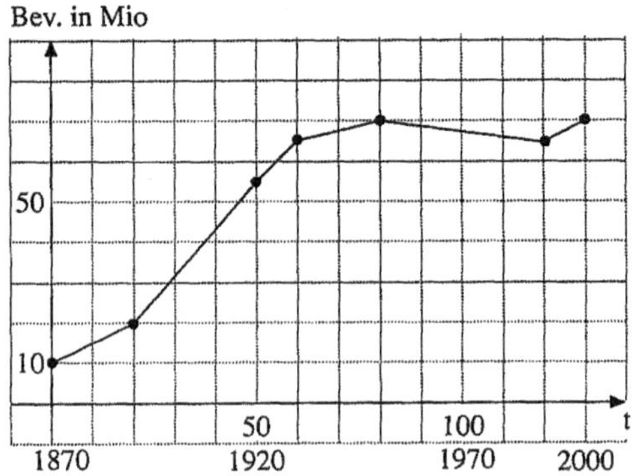

b) $\frac{\Delta f}{\Delta x} = \frac{65-65}{40} = 0$ Mio / Jahr

Die Schwankungen der Bevölkerungszahl zwischen 1930 und 1990 gleichen sich insgesamt aus, so dass für den Gesamtzeitraum im Mittel Nullwachstum vorliegt.

277 2. a) $\frac{\Delta f}{\Delta x} = 2$ b) $\frac{\Delta f}{\Delta x} = 2{,}5$ c) $\frac{\Delta f}{\Delta x} = -4$

3. a) Ansatz: $\frac{\Delta f}{\Delta x} = 15$, $\frac{f(4)-f(1)}{4-1} = 15$, $\frac{15a}{3} = 15 \Rightarrow a = 3$

b) Ansatz: $\frac{\Delta f}{\Delta x} = 9$, $\frac{f(a)-f(0)}{a-0} = 9$, $\frac{a^3-0}{a} = 9$, $a^2 = 9 \Rightarrow a = 3$

(a = −3 entfällt, da a > 0)

278 4. b) $[-2;0]$: $\frac{\Delta f}{\Delta x} = \frac{0-8}{0-(-2)} = -4$

$[0;3]$: $\frac{\Delta f}{\Delta x} = \frac{3-0}{3-0} = 1$

c) $[-1;3]$: $\frac{\Delta f}{\Delta x} = \frac{3-3}{3-(-1)} = 0$

Die Funktion ändert sich zwar im Intervall $[-1;3]$, aber sie hat am Intervallende den gleichen Wert wie am Intervallanfang. Die mittlere Steigung ist daher 0.

4. a)

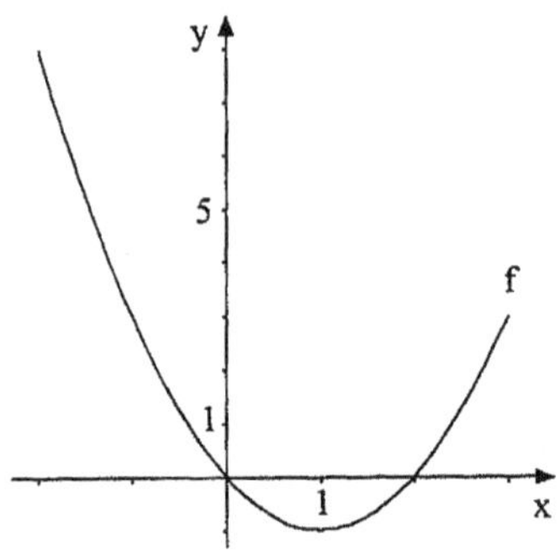

279 5.

t	0	1	4	19
s	0	0,4	10	160

$[0;1]$: $\frac{\Delta s}{\Delta t} = \frac{0{,}4}{1} = 0{,}4\,\frac{m}{s}$, $[1;4]$: $\frac{\Delta s}{\Delta t} = \frac{9{,}6}{3} = 3{,}2\,\frac{m}{s}$, $[4;19]$: $\frac{\Delta s}{\Delta t} = \frac{150}{15} = 10\,\frac{m}{s}$

Die Durchschnittsgeschwindigkeit der gesamten Fahrt lautet: $\overline{s} = \frac{\Delta s}{\Delta t} = \frac{160}{19} = 8{,}42\,\frac{m}{s}$

6. a) $s(3) = 8{,}1$ m

b) $\frac{\Delta s}{\Delta t} = \frac{8{,}1}{3} = 2{,}7\,\frac{m}{s}$ c) $\frac{\Delta s}{\Delta t} = \frac{s(3{,}1)-s(3)}{3{,}1-3} = \frac{0{,}549}{0{,}1} = 5{,}49\,\frac{m}{s}$

7. a) Im Intervall [0;10] steigt der Graph nahezu linear an. 280
Langfristig wird sich der Bestand auf 800 Echsen einstellen.

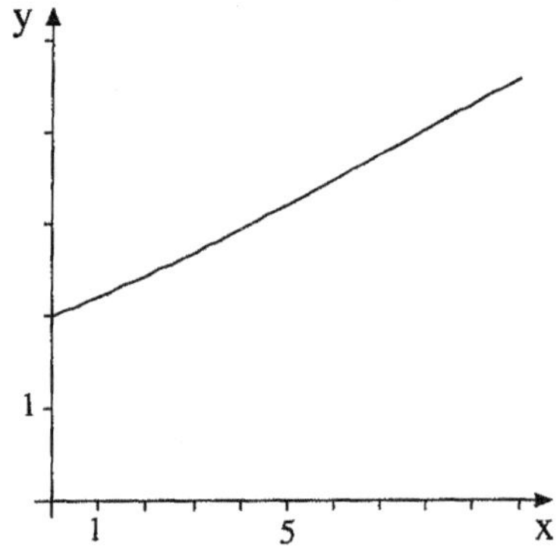

b) mittlere Wachstumsrate:

ersten beide Jahre: $\frac{N(2)-N(0)}{2-0} \approx \frac{2{,}94-2}{2} = 0{,}47$

drittes Jahr: $\frac{N(3)-N(2)}{3-2} \approx \frac{3{,}47-2{,}94}{1} = 0{,}53$

viertes Jahr: $\frac{N(4)-N(3)}{4-3} \approx \frac{4{,}10-3{,}47}{1} = 0{,}63$

zehntes Jahr: $\frac{N(10)-N(9)}{10-9} \approx \frac{6{,}74-6{,}41}{1} = 0{,}33$

Die mittlere Wachstumsrate steigt bis zum 4. Jahr auf ca. 63 Echsen/Jahr an. Danach nimmt sie wieder ab.

8. a) 0,5 b) 6,5 c) −2

9. a) $\frac{\Delta f}{\Delta x} = \frac{a^2-4}{a-2} = \frac{(a+2)(a-2)}{a-2} = a+2$ b) Ansatz: $\frac{\Delta f}{\Delta x} = 6$, $a+2=6$, $a=4$

10. a) 1. Minute: $\frac{\Delta N}{\Delta t} = \frac{N(1)-N(0)}{1-0} = \frac{216-200}{1-0} = 16$ Bakt / min

2. Minute: $\frac{\Delta N}{\Delta t} = \frac{N(2)-N(1)}{2-1} = \frac{233{,}28-216}{2-1} = 17{,}28$ Bakt / min

3. Minute: $\frac{\Delta N}{\Delta t} = \frac{N(3)-N(2)}{3-2} = \frac{251{,}94-233{,}28}{3-2} = 18{,}66$ Bakt / min

b) $\frac{\Delta N}{\Delta t} = \frac{N(60)-N(0)}{60-0} = \frac{20251{,}4-200}{60-0} = 334{,}19$ Bakt / min

c) Antwort: In der 10. Minute des Prozesses.

Nachweis: $\frac{N(10)-N(9)}{10-9} = 31{,}98$ Bakt / min

Lösungsmethode: Man kann dies durch Probieren einiger Minutenintervalle herausbekommen.

exakte Lösung:

$$\frac{N(a+1)-N(a)}{a+1-a} \geq 30$$

$$\frac{200\cdot 1{,}08^{a+1}-200\cdot 1{,}08^{a}}{1} \geq 30$$

$$1{,}08^{a}(200\cdot 1{,}08-200) \geq 30$$

$$1{,}08^{a} \geq 1{,}875$$

$$a \geq \frac{\log 1{,}875}{\log 1{,}08} = 8{,}17 \quad \Rightarrow \quad a = 9$$

11. a) $[\frac{1}{2};1]$: -2, $[1;2]$: $-0{,}5$, $[2;3]$: $-0{,}17$

b) $[0;1]$: 1, $[1;2]$: $0{,}41$, $[2;4]$: $0{,}29$

c) $[0;1]$: $0{,}84$, $[1;\pi-1]$: 0, $[\pi-1;\pi]$: $-0{,}84$

280 12. a)

t in s	0	1	2	3	4
h(t) in m	0	48	60	65,5	68,6

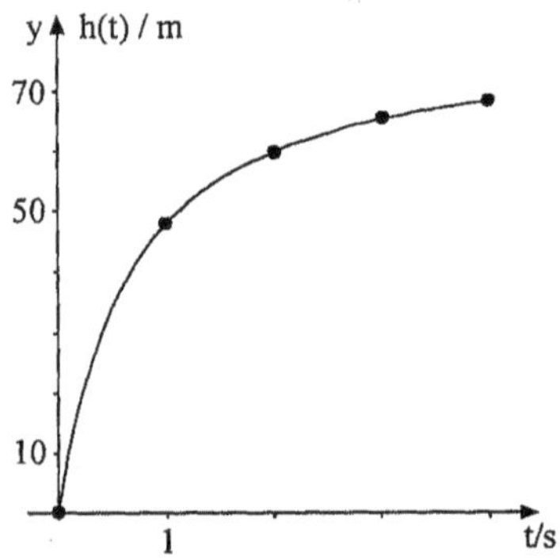

Zeit für 60 m Höhe:

1. Ablesen aus der Wertetabelle oder dem Graphen: $t = 2$ s
2. Rechnerische Lösung:

$$h(t) = 60, \quad 80 - \frac{80}{1{,}5t+1} = 60$$

$$\frac{80}{1{,}5t+1} = 20, \quad 1{,}5t + 1 = 4, \quad t = 2$$

Maximal erreichbare Höhe:
80 m ist die (nicht ganz erreichbare) obere Grenze, da der Term

$\frac{80}{1{,}5t+1}$ für $t \to \infty$ gegen null strebt.

b) 1. Flugsekunde: $\frac{\Delta h}{\Delta t} = \frac{h(1)-h(0)}{1-0} = 48\,\frac{m}{s}$, 4. Flugsekunde: $\frac{\Delta h}{\Delta t} = \frac{h(4)-h(3)}{4-3} = 3{,}1\,\frac{m}{s}$

Steiggeschwindigkeit auf den ersten 30 Metern:

1. $h(t) = 30, \quad 80 - \frac{80}{1{,}5t+1} = 30, \quad \frac{80}{1{,}5t+1} = 50, \quad 1{,}5t + 1 = 1{,}6, \quad t = 0{,}4$ s
2. $\frac{\Delta h}{\Delta t} = \frac{h(0{,}4)-h(0)}{0{,}4-0} = \frac{30}{0{,}4} = 75\,\frac{m}{s}$

281 13.

Zeitraum	mittlere Änderungsrate in Mio / Jahr Indien	USA
1950 - 1960	7,6	2,9
1960 - 1970	10,9	2,4
1970 - 1980	13,2	2,2
1980 - 1990	15,5	2,3
1990 - 2000	16,1	3,2
2000 - 2050	11,9	2,8

Die indischen Wachstumsraten sind bis zu 6-mal höher als die US-amerikanischen Raten.

14.

Segment	I	II	III	IV
Durchschnittsgeschwindigkeit in km/h	96	72	72	120

Lediglich im 3. Segment war der Fahrer mit 72km/h um 12km/h zu schnell.

15. übers Jahr gemittelt: Werk A: $\frac{400 \cdot 2 + 380 \cdot 3 + 400 \cdot 1 + 600 \cdot 6}{12} = 495$ / Mon

Werk B: $\frac{480 \cdot 2 + 400 \cdot 3 + 600 \cdot 1 + 500 \cdot 6}{12} = 480$ / Mon

Der Vorwurf ist nicht berechtigt. Übers Jahr gesehen ist Werk A erfolgreicher.

282 16. a) $\frac{N(50)-N(0)}{50-0} \approx \frac{43{,}84-10}{50} = 0{,}68\,\frac{\text{Mio}}{\text{Jahr}} = 680000\,\frac{\text{Pers.}}{\text{Jahr}}$

b) $\frac{N(1)-N(0)}{1-0} \approx \frac{10{,}3-10}{1} = 0{,}3\,\frac{\text{Mio}}{\text{Jahr}} = 300000\,\frac{\text{Pers.}}{\text{Jahr}}$

c) $\frac{N(50)-N(49)}{50-49} \approx \frac{43{,}84-42{,}56}{1} = 1{,}28$

17. Die Durchschnittsgeschwindigkeit in den aufgezeichneten 4 Minuten beträgt zwar nur 75 km/h, aber es ist auch zu erkennen, dass er in der 3. Minute 1,5 km zurückgelegt hat. Das entspricht einer Durchschnittsgeschwindigkeit in dieser Minute von 90 km/h und bestätigt die Polizei. 282

18. a)

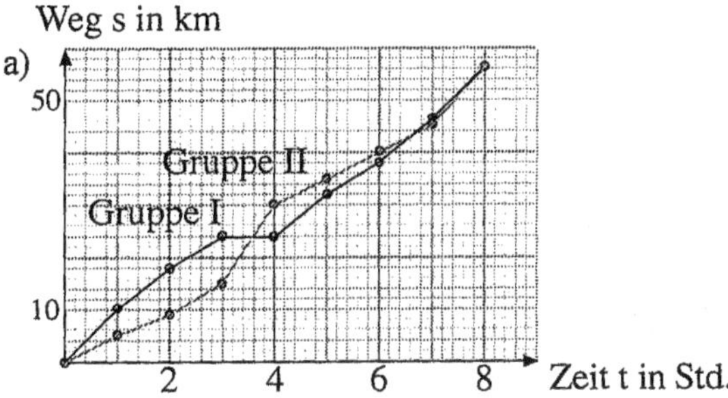

b) Nach 8 Stunden haben beide Gruppen den gleichen Weg zurückgelegt. Daher haben sie auch die gleiche Durchschnittsgeschwindigkeit von 7 km/h auf der Gesamtstrecke.

c) Die 2. Gruppe hat mit 15 km/h (in der 4. Stunde) die schnellerenPaddler. Die 1. Gruppe liegt mit 10 km/h (in der 1. Stunde) dahinter.

d) Gruppe I paddelt nahezu gleichmäßig und gönnt sich die 4. Stunde als Pause. Gruppe II beginnt gemächlich, gleicht dies durch einen Zwischenspurt mehr als aus, um dann wieder die erste Gruppe aufschließen zu lassen.

4. Die lokale Änderungsrate

1. a) $f'(2)=4$ b) $f'(1)=2$ c) $f'(1)=-2$ 284

2. a) $f'(1)=1$ b) $f'(2)=4$ c) $f'(2)=-4$

3. Momentangeschwindigkeit 285
nach der ersten Sekunde: $v(1) = s'(1) = 8$ m/s
nach der zweiten Sekunde: $v(2) = s'(2) = 16$ m/s
nach der dritten Sekunde: $v(3) = s'(3) = 24$ m/s

4. a) $\frac{p(5)-p(0)}{5-0} = \frac{125-75}{5} = 10$ Schläge/min pro Minute 286
b) $p(3) = 147$

5. a) $f'(2)=2$ b) $f'(2)=-4$ 287
c) $f'(1)=-1$

6. a) $f'(2)=2$ b) $f'(2)=-4$
c) $f'(3)=2$

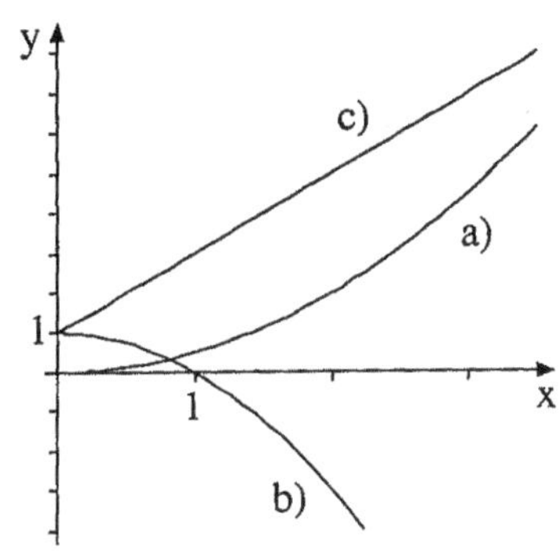

7. a) $s(1) = 1{,}5\text{m}$, $s(5) = 37{,}5\text{m}$
b) $\overline{v} = \frac{s(5)-s(0)}{5-0} = \frac{37{,}5-0}{5} = 7{,}5\,\frac{\text{m}}{\text{s}}$
c) $v'(5) = 15$ m/s

287 8. a) P: $f'(1) = -2$ b) P: $f'(1) = \lim\limits_{x\to 1}\frac{4-x^2-3}{x-1} = \lim\limits_{x\to 1}(-\frac{x^2-1}{x-1}) = \lim\limits_{x\to 1}(-(x+1)) = -2$

Q: $f'(2) = -4$ Q: $f'(2) = \lim\limits_{x\to 2}\frac{4-x^2-0}{x-2} = \lim\limits_{x\to 2}(-\frac{x^2-4}{x-2}) = \lim\limits_{x\to 2}(-(x+2)) = -4$

9. a) Fallstrecke in der ersten Sekunde: $s(1) = 0{,}8\text{m} = 80\text{cm}$

Durchschnittsgeschwindigkeit: $\overline{v} = \frac{s(1)-s(0)}{1-0} = \frac{0{,}8-0}{1} = 0{,}8\,\frac{\text{m}}{\text{s}}$

b) $s'(1) = 1{,}6$ m/s

c) $s'(10) = \lim\limits_{t\to 10}\frac{0{,}8t^2-80}{t-10} = \lim\limits_{t\to 10}\frac{0{,}8(t^2-100)}{t-10} = \lim\limits_{t\to 10}(0{,}8(t+10)) = 16$

d) $s(t) = 4$: $t = \sqrt{5}$

$s'(\sqrt{5}) = \lim\limits_{t\to\sqrt{5}}\frac{0{,}8t^2-80}{t-\sqrt{5}} = \lim\limits_{t\to\sqrt{5}}\frac{0{,}8(t^2-5)}{t-\sqrt{5}} = \lim\limits_{t\to\sqrt{5}}(0{,}8(t+\sqrt{5})) = 1{,}6\cdot\sqrt{5} \approx 3{,}58\,\frac{\text{m}}{\text{s}}$

288 10. b) $H_1(1|1{,}85)$, $H_2(4|3{,}2)$, $T(2|1{,}6)$

c) $f'(2) = 0$

d) $f'(3) = \lim\limits_{x\to 3}\frac{-0{,}05(3x^4-28x^3+84x^2-96x)-2{,}25}{x-3}$

x	2,99	2,999
f'	1,197	1,1997

$f'(3) = 1{,}2$

45° Neigung bedeutet f '(3) = 1.
f '(3) = 1,2 bedeutet also: mehr als 45° Neigung.
bzw. $\tan\alpha = 1{,}2$, $\alpha \approx 50{,}2°$

a)

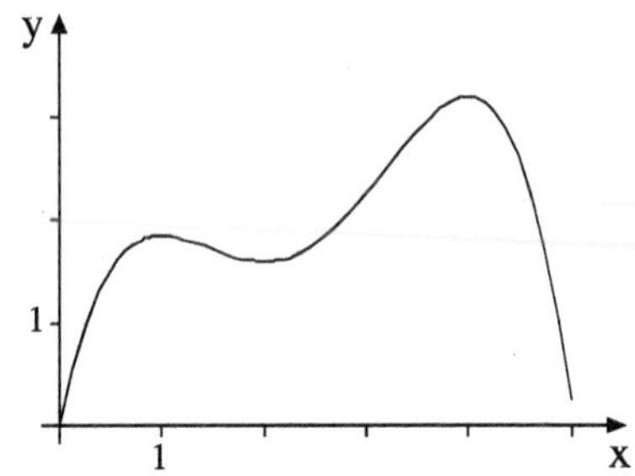

11. b) $T(3) = 560°\text{C}$

c) 300m: $\frac{T(3)-T(0)}{3-0} = \frac{560-1100}{3} = -180\,\frac{°\text{C}}{100\text{m}}$

400m-500m:

$\frac{T(5)-T(4)}{5-4} = \frac{100-300}{1} = -200\,\frac{°\text{C}}{100\text{m}}$

d) $T'(3) = \lim\limits_{x\to 3}\frac{10x^3-90x^2+540}{x-3}$, $x = 2{,}999$, $T' = -269{,}99999$

$T'(3) = -270$ °C/100m

a)

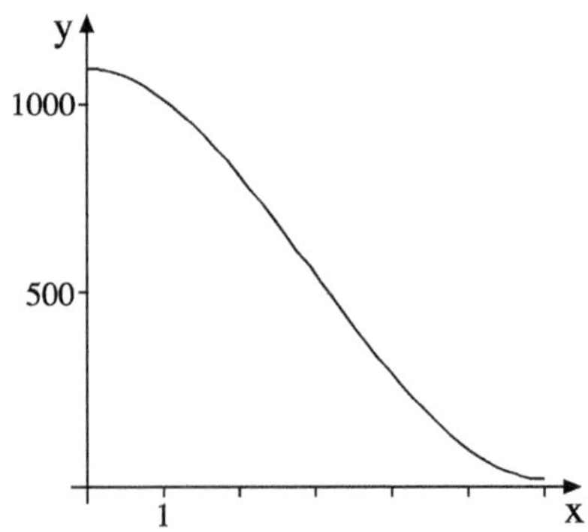

288

12. a) Der Ballon steigt zunächst mit nahezu konstanter Geschwindigkeit.
Nach ca. einer Stunde nimmt die Steiggeschwindigkeit deutlich ab.
Nach 3 Stunden ist erkennbar, dass bald die Gipfelhöhe erreicht ist.

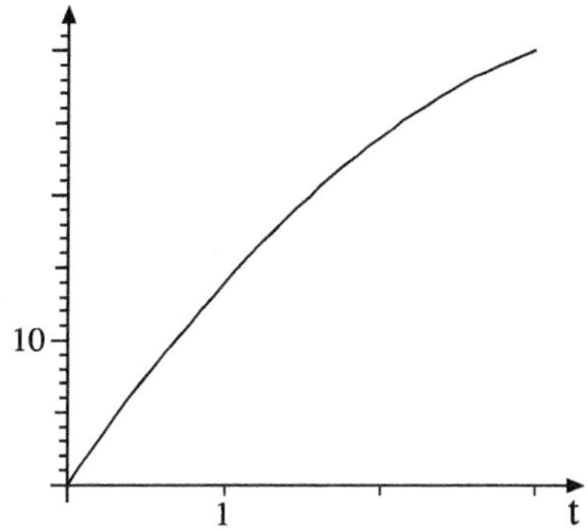

b) $\overline{v} = \frac{h(0,5)-h(0)}{0,5-0} = \frac{7,95-0}{0,5} = 15,9\,\frac{km}{Std.}$

c) $h'(0) = \lim\limits_{t\to 0}\frac{-2t^2+16t-0}{t-0}$, $\begin{matrix} t = 0,0001 \\ h' = 15,9998 \end{matrix}$, $h'(0) = 16$

d) $h(t) = 24$ gilt für $t = 2$ (6)

$h'(2) = \lim\limits_{t\to 2}\frac{-2t^2+16t-24}{t-2}$, $\begin{matrix} t = 1,999 \\ h' = 8,002 \end{matrix}$, $h'(2) = 8$

Test

290

1. b) mittlere Änderungsrate:

$\overline{h} = \frac{7-0}{14-0} = \frac{1}{2}\,\frac{cm}{Tag}$

a)

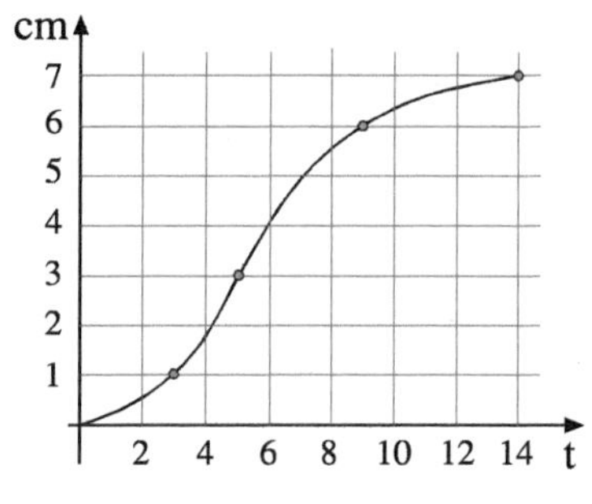

c) $I_1: \frac{1-0}{3-0} = \frac{1}{3}\,\frac{cm}{Tag}$

$I_2: \frac{3-1}{5-3} = 1\,\frac{cm}{Tag}$

$I_3: \frac{6-3}{9-5} = \frac{3}{4}\,\frac{cm}{Tag}$

$I_4: \frac{7-6}{14-9} = \frac{1}{5}\,\frac{cm}{Tag}$

Im zweiten Intervall, vom 3. bis zum 5. Tag, wächst sie am schnellsten.

2. b) $I_1: \frac{2000-0}{4-0} = 500\,\frac{m}{min}$ (Steigen)

$I_2: \frac{200-2000}{10-4} = -300\,\frac{m}{min}$ (Sinken)

$I_3: \frac{0-200}{12-10} = -100\,\frac{m}{min}$ (Sinken)

a)

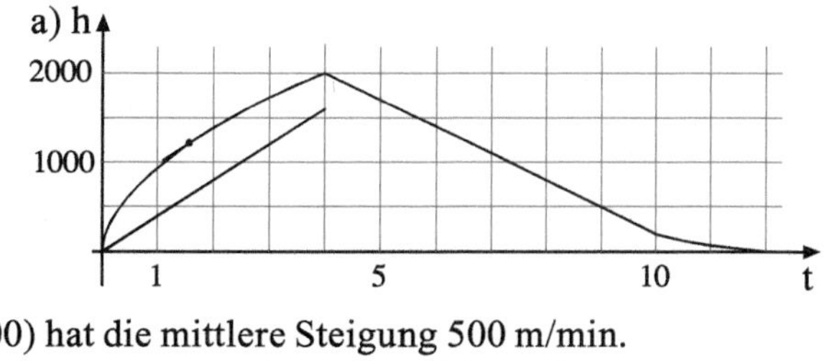

c) Um 400 m/min kann das Flugzeug nur im 1. Flugabschnitt steigen.
Die Ursprungsgerade durch P(4|2000) hat die mittlere Steigung 500 m/min.
Die Steigung 400 m/min hat also die Ursprungsgerade durch Q(4|1600).
Man legt also ein Geodreieck längs dieser Geraden und verschiebt es parallel zur Geraden, bis es tangential am Graphen anliegt. Dies trifft bei ca. $x = 1,5$ zu.
Zur Kontrolle die nicht geforderte Rechnung:

$$h'(t_0) = \lim_{t\to t_0}\frac{1000(\sqrt{t}-\sqrt{t_0})}{t-t_0} = \lim_{t\to t_0}\frac{1000(\sqrt{t}-\sqrt{t_0})}{(\sqrt{t}-\sqrt{t_0})(\sqrt{t}+\sqrt{t_0})} = \lim_{t\to t_0}\frac{1000}{(\sqrt{t}+\sqrt{t_0})} = \frac{1000}{2\sqrt{t_0}} = 400 \quad\Rightarrow\quad t_0 = 1,5625\,\text{min}$$

290

3. a) $\frac{f(2)-f(0)}{2-0} = \frac{2-0}{2-0} = 1$

b) 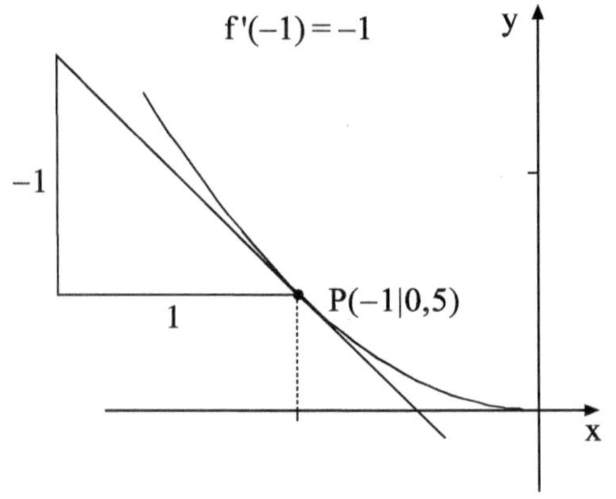

c) $f'(2) = \lim\limits_{x\to 2} \frac{f(x)-f(2)}{x-2} = \lim\limits_{x\to 2} \frac{1}{2} \cdot \frac{x^2-x}{x-2}$
$= \lim\limits_{x\to 2} \frac{1}{2} \cdot \frac{(x-2)(x+2)}{x-2}$
$= \lim\limits_{x\to 2} \frac{1}{2} \cdot (x+2) = 2$

4. a) rechts unten
b) Der Zeichnung kann man entnehmen, dass bei $t = 5$ eine waagerechte Tangente von s vorliegt, d.h. $s'(5) = v(5) = 0$. Das Auto steht nach 5 Sekunden.
c) $\overline{v} = \frac{s(5)-s(0)}{5-0} = \frac{100-0}{5} = 20\,\frac{m}{s} = 72\,\frac{km}{h}$
d) Steigungsdreieck bei $x = 0$ anlegen: $v = 40$ m/s

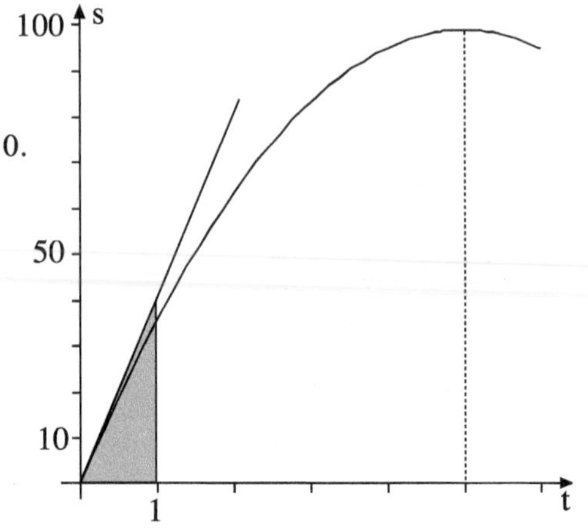

VIII. Steigung und Ableitung
1. Die Steigung einer Kurve

1. Punkt A B C D E 293

Punkt	A	B	C	D	E
Steigung	–2	0	1	0	–3

Steigung $m = 0,5$ gilt bei $x = 1,3$ bzw. $x = 2,7$.
Die Steigung ist positiv zwischen B und D, d.h. im Intervall $[0,5;3]$.
Sie ist negativ von links kommend bis B und ab D nach rechts gehend, d.h. in den Intervallen $x \leq 0,5$ und $x \geq 3$.

2. Die ersten beiden Dreiecke sind falsch: Das 1. ist zu flach, das 2. zu steil.
Das 3. Dreieck ist richtig. Die Steigung ist $m = 2$.

3. Steigung bei $x_0 = 1$: $m = 0,5$; Steigung bei $x_0 = 4$: $m = 0,25$
Im Ursprung ist die y-Achse die Tangente, d.h. die Steigung ist ∞.
Die Steigung nimmt dann rasch ab, bei $x_0 = 1$ beträgt sie 0,5.
Bei $x_0 = 4$ ist sie auf 0,25 gefallen. Sie nimmt dann immer weiter ab, bleibt aber positiv.

4. a)

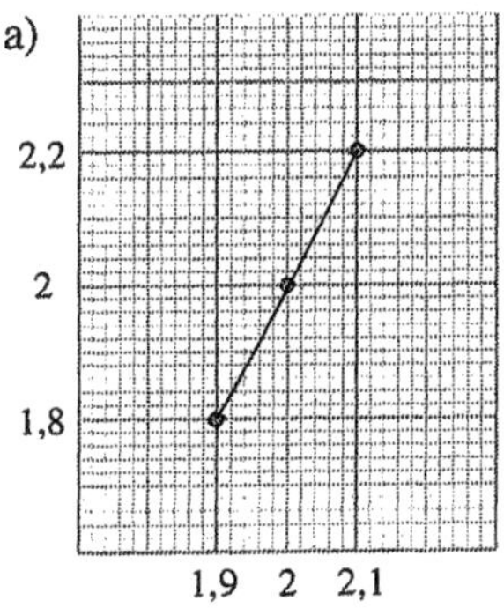

$m = 2$

b)

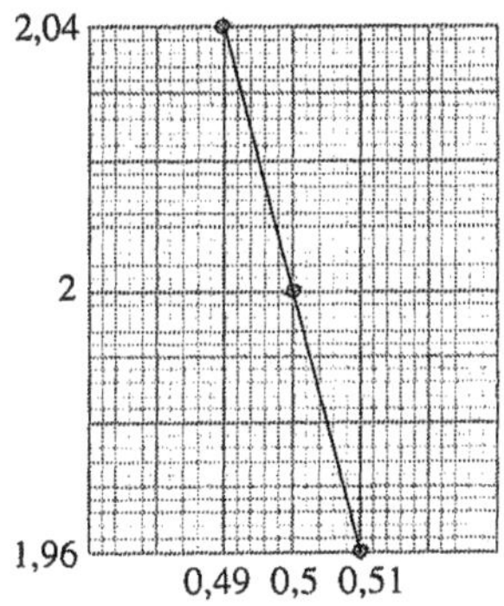

$m = -4$

5. a) $f'(-1) = \lim\limits_{x\to -1} \frac{f(x)-f(-1)}{x+1} = \lim\limits_{x\to -1} \frac{x^2-1}{x+1} = \lim\limits_{x\to -1} \frac{(x+1)(x-1)}{x+1} = \lim\limits_{x\to -1} (x-1) = -2$ 296

b) $f'(2) = \lim\limits_{x\to 2} \frac{f(x)-f(2)}{x-2} = \lim\limits_{x\to 2} \frac{0,5x^2-2}{x-2} = \lim\limits_{x\to 2} \frac{0,5(x+2)(x-2)}{x-2} = \lim\limits_{x\to 2} 0,5(x+2) = 2$

6. a) $f'(1) = \lim\limits_{x\to 1} \frac{f(x)-f(1)}{x-1} = \lim\limits_{x\to 1} \frac{x^2-1}{x-1} = \lim\limits_{x\to 1} \frac{(x+1)(x-1)}{x-1} = \lim\limits_{x\to 1} (x+1) = 2$ 297

b) $f'(2) = \lim\limits_{x\to 2} \frac{f(x)-f(2)}{x-2} = \lim\limits_{x\to 2} \frac{2x^2-8}{x-2} = \lim\limits_{x\to 2} \frac{2(x+2)(x-2)}{x-2} = \lim\limits_{x\to 2} 2(x+2) = 8$

c) $f'(2) = \lim\limits_{x\to 2} \frac{f(x)-f(2)}{x-2} = \lim\limits_{x\to 2} \frac{x^3-8}{x-2} = \lim\limits_{x\to 2} \frac{(x^2+2x+4)(x-2)}{x-2} = \lim\limits_{x\to 2} (x^2+2x+4) = 12$

mit Pol.-Div.: $(x^3-8):(x-2) = x^2 + 2x + 4$

d) $f'(1) = \lim\limits_{x\to 1} \frac{f(x)-f(1)}{x-1} = \lim\limits_{x\to 1} \frac{2x-2}{x-1} = \lim\limits_{x\to 1} \frac{2(x-1)}{x-1} = \lim\limits_{x\to 1} 2 = 2$

297 7. a) $f'(1) = \lim\limits_{h\to 0} \frac{f(1+h)-f(1)}{h} = \lim\limits_{h\to 0} \frac{1+2h+h^2-1}{h} = \lim\limits_{h\to 0} \frac{2h+h^2}{h} = \lim\limits_{h\to 0}(2+h) = 2$

b) $f'(-1) = \lim\limits_{h\to 0} \frac{f(-1+h)-f(-1)}{h} = \lim\limits_{h\to 0} \frac{2-4h+2h^2-2}{h} = \lim\limits_{h\to 0} \frac{-4h+2h^2}{h} = \lim\limits_{h\to 0}(-4+2h) = -4$

c) $f'(-1) = \lim\limits_{h\to 0} \frac{f(-1+h)-f(-1)}{h} = \lim\limits_{h\to 0} \frac{-1+3h-3h^2+h^3+1}{h} = \lim\limits_{h\to 0} \frac{3h-3h^2+h^3}{h} = \lim\limits_{h\to 0}(3-3h+h^2) = 3$

d) $f'(-2) = \lim\limits_{h\to 0} \frac{f(2+h)-f(2)}{h} = \lim\limits_{h\to 0} \frac{4+2h-4}{h} = \lim\limits_{h\to 0} \frac{2h}{h} = \lim\limits_{h\to 0}(2) = 2$

8. 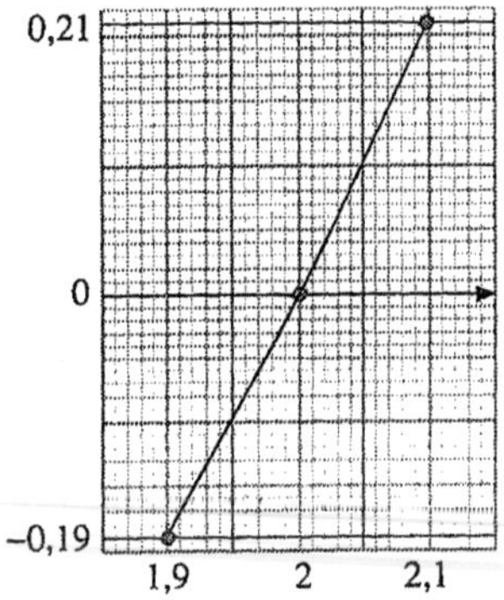

$f'(2) = 2$

$f'(2) = \lim\limits_{h\to 0} \frac{f(2+h)-f(2)}{h}$

$= \lim\limits_{h\to 0} \frac{4+4h+h^2-4-2h-0}{h} = \lim\limits_{h\to 0} \frac{2h+h^2}{h} = \lim\limits_{h\to 0}(2+h) = 2$

bzw.

$f'(2) = \lim\limits_{x\to 2} \frac{f(x)-f(2)}{x-2}$

$= \lim\limits_{x\to 2} \frac{x^2-2x-0}{x-2} = \lim\limits_{x\to 2} \frac{x(x-2)}{x-2} = \lim\limits_{x\to 2} x = 2$

298 9. a) f ist bei $x_0 = 0$ nicht differenzierbar, da der Graph dort einen Knick besitzt.

b) f ist bei $x_0 = 0$ nicht differenzierbar, da der Graph dort eine Sprungstelle besitzt.

c) f ist bei $x_0 = 0$ nicht differenzierbar, da der Graph dort nur eine einseitige Tangente (rechts) besitzt und diese außerdem senkrecht steht, sodass sie keine endliche Steigung hat..

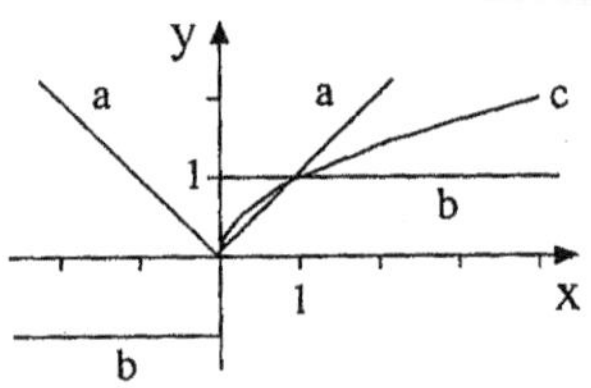

2. Die Ableitungsfunktion

299 1. a)

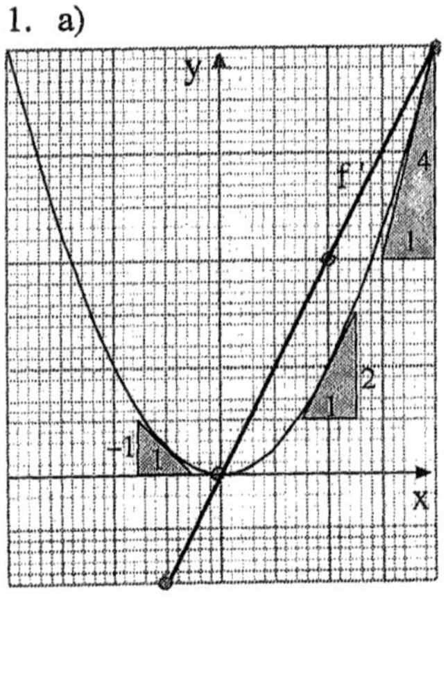

b)

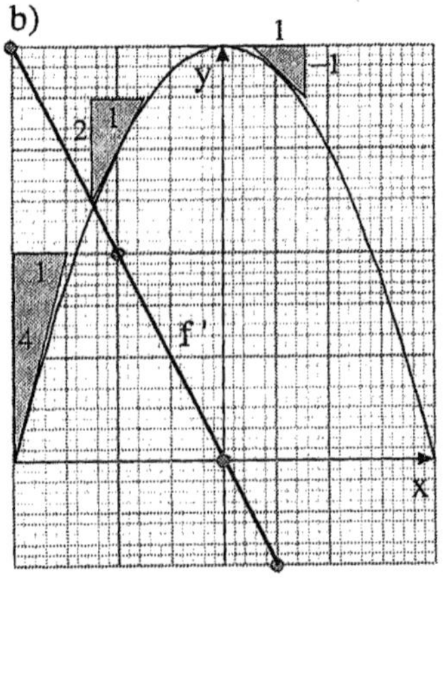

c)

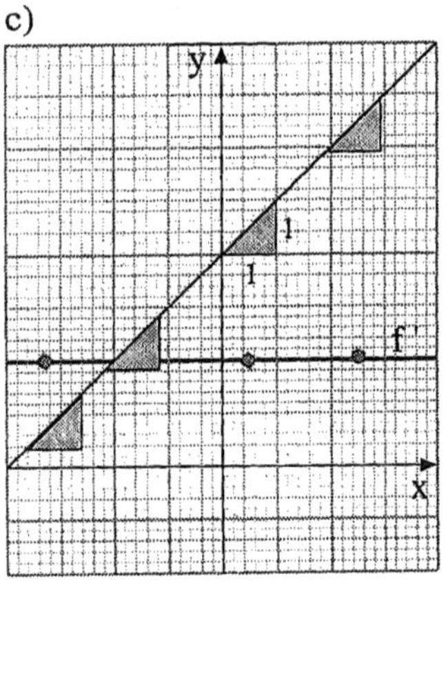

2\.

I	Intervall	$x < 1{,}2$	$1{,}2 < x < 6{,}8$	$x > 6{,}8$
a)	Vorz. von f'	$f' < 0$	$f' > 0$	$f' < 0$
b)	Monotonie von f	fallend	steigend	fallend
c)	Extrema:	Minimum bei $x = 1{,}2$	Maximum bei $x = 6{,}8$	

302

II	Intervall	$x < 4$	$x > 4$
a)	Vorz. von f'	$f' < 0$	$f' > 0$
b)	Monotonie von f	fallend	steigend
c)	Extrema:	Minimum bei $x = 4$	

d)

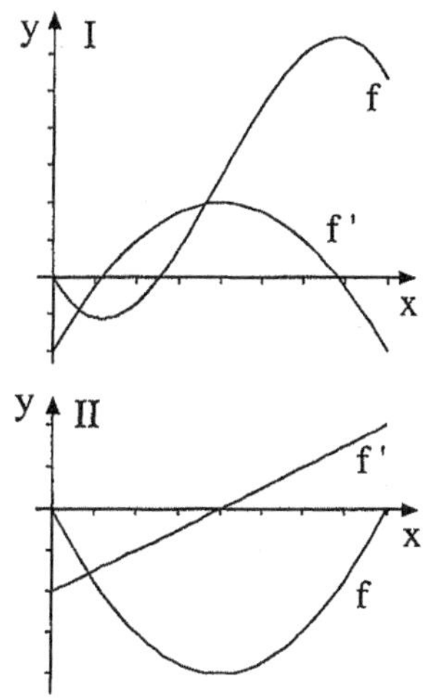

3\. a)

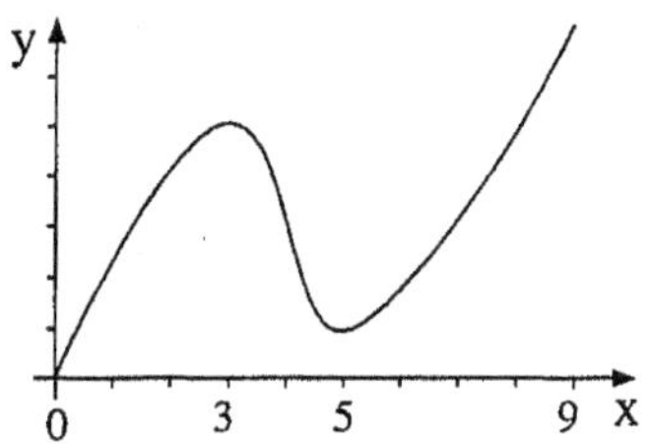

b)

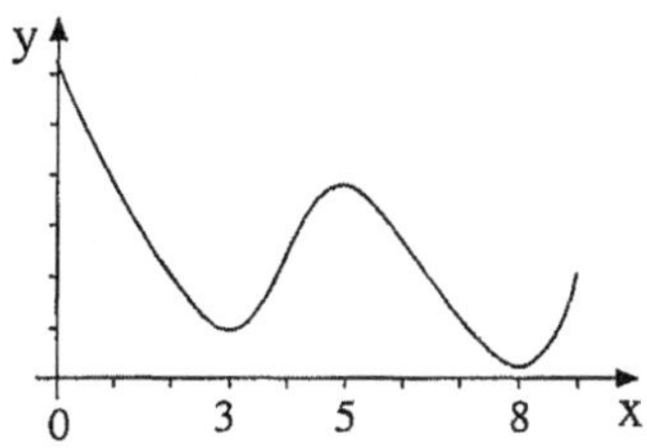

4\.

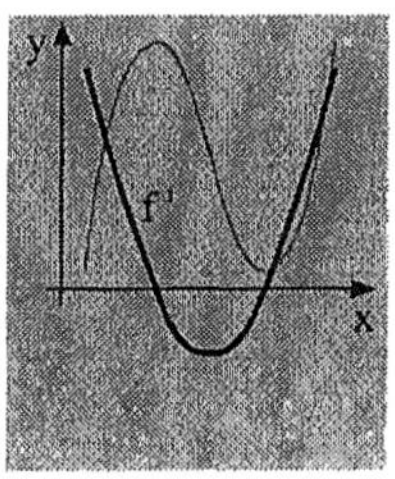

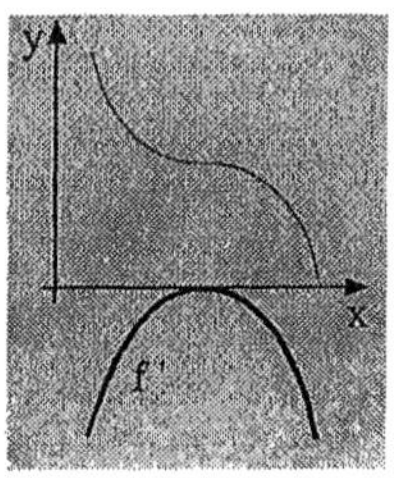

f' ist stark positiv, wird kleiner und fällt beim Erreichen des Maximums auf null, wird dann negativ und hat im Wendepunkt von f sein Minimum.
Dann steigt f' wieder und hat im Minimum von f eine Nullstelle und wird danach positiv steigend.

5\. (1) richtig (2) falsch (3) falsch (4) richtig
(5) richtig

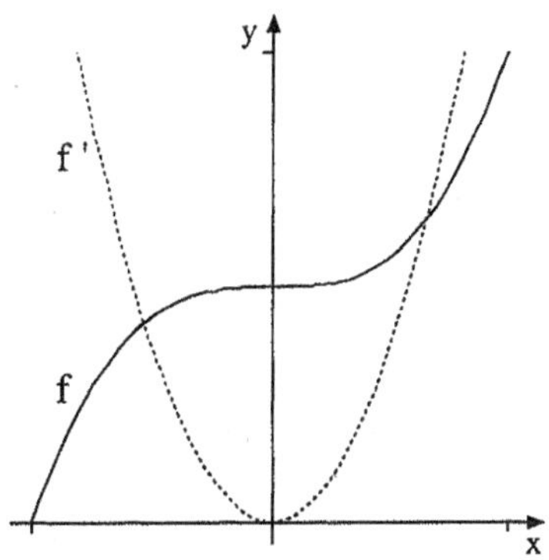

6\. III entspricht Ü5, denn die Steigung von f ist positiv fallend, wird null und ist danach positiv steigend.

7\. f ist rechtsgekrümmt bis $x = 0$, dann linksgekrümmt. 303
Der Wendepunkt von f liegt bei $x = 0$.
Im Wendepunkt ist die Steigung von f lokal minimal.

304 8. I. a) f hat bei $x = -2$ und $x = 2$ Extremalstellen.
Bei $x = -2$ ist es ein Minimum,
bei $x = 2$ ist es ein Maximum.
b) f hat bei $x = 0$ eine L-R-Wendestelle.
c) f ist linksgekrümmt für $x < 0$
und rechtsgekrümmt für $x > 0$.
II. a) f hat lediglich bei $x = -2$ eine Extremstelle.
Es ist ein Minimum.
b) f hat bei $x = 0$ eine L-R-Wendestelle.
c) f ist linksgekrümmt für $x < 0$
und rechtsgekrümmt für $x > 0$.

d)

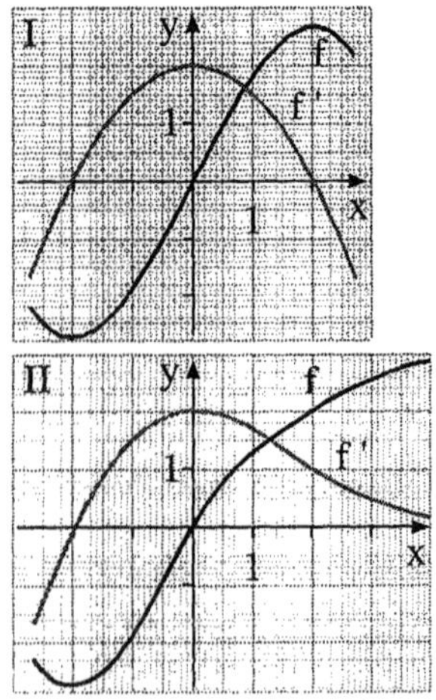

9. a) Alle Graphen von f ' haben ein lokales Extremum, d.h. f hat dort einen Wendepunkt.
b) Hat f einen Sattelpunkt, so berührt f ' die x-Achse ohne Vorzeichenwechsel von oben oder unten: B und E.
c) Hat f ein Extremum, so hat f ' dort eine Nullstelle und ändert das Vorzeichen. Das ist bei C und F der Fall. Bei C liegt zunächst ein Maximum vor, dann ein Minimum. Bei F ist es umgekehrt.

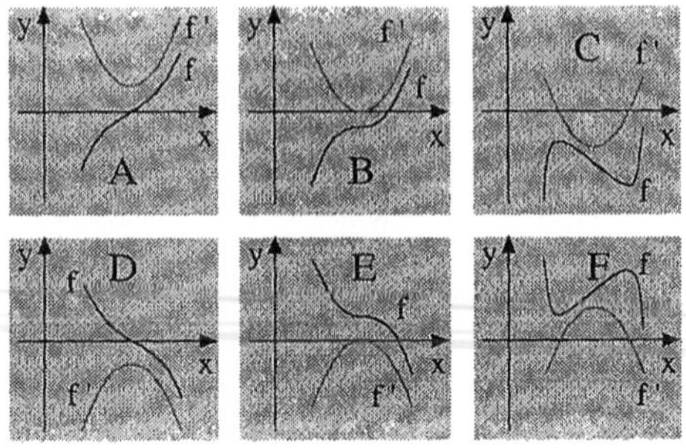

10. a) Nach 5 Minuten Aufstieg sind 1000m Höhe erreicht, dann gehr es wieder abwärts. Nach weiteren 5 Minuten weiche Landung.
b) h' beschreibt die lokale Aufstiegsgeschwindigkeit.
c) Nach 2 min und 5 min war die Aufstiegsgeschwindigkeit mit $h'(2) = 0$ und $h'(5) = 0$ in der Aufstiegsphase am niedrigsten. In der Abstiegsphase war die Fallgeschwindigkeit nach 7Minuten am größten, $h'(7) \approx -300 \frac{m}{min}$.
d) mittlere Fallgeschwindigkeit: $\overline{h} = \frac{h(10)-h(5)}{10-5} = \frac{0-1000}{5} = -200 \frac{m}{min}$

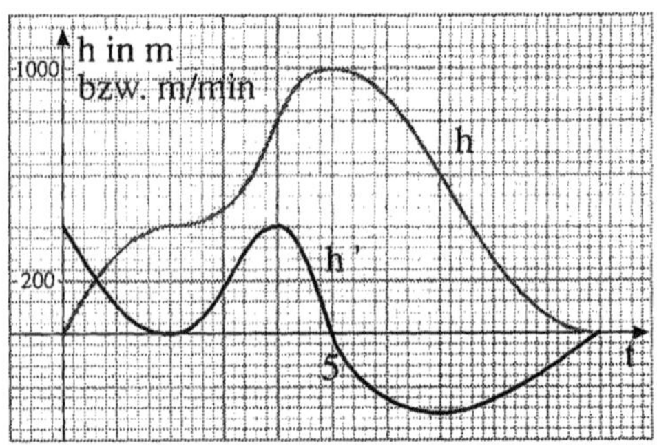

305 11. Bei A hat f zwei Extrema, also hat f ' zwei Nullstellen mit VZW, das ist bei III der Fall.
Bei B hat f einen Sattelpunkt, d.h. f ' berührt die x-Achse, also II.
Bei C hat f nirgends eine waagerechte Tangente, d.h. f ' hat keine Nullstelle, also I.

12. A: falsch, sie kann auch minimal sein.
B: falsch, f kann monoton steigend mehrfach die Krümmungsart wechseln.
C: falsch, s. B D: richtig

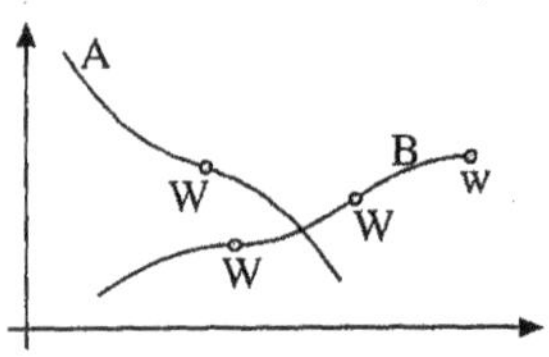

13. a) h' beschreibt die Höhenwachstumsgeschwindigkeit der Baumhöhe. 305
   b) Im Wendepunkt ist die Höhenwachstumsgeschwindigkeit maximal. Sie beträgt dort ca. 1 m/Jahr.
   c) 12 m ist die Wachstumsgrenze, d.h. der Baum wird maximal 12 m hoch.
   d) Nach 8 Jahren.

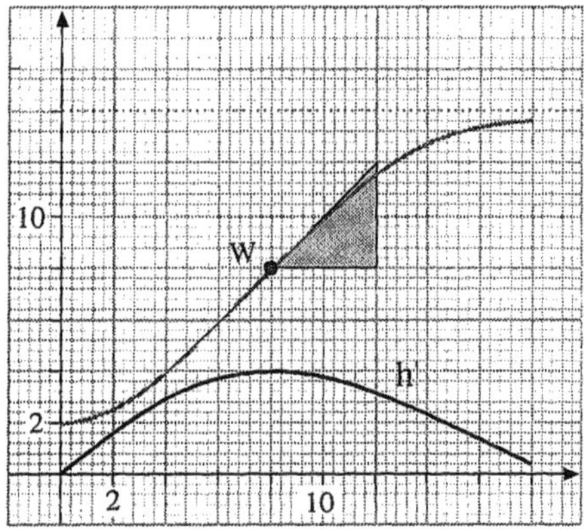

14. a) Die Zahl der Erkrankten nimmt zunächst schnell, dann aber zunehmend langsamer zu und hat nach 2,5 Wochen mit 8000 Erkrankten ihr Maximum erreicht. Dann nimmt sie 1,5 Wochen immer schneller wieder ab. Dann, ab Beginn der 5. Woche nimmt sie langsamer ab. Nach 8 Wochen gibt es noch ca. 500 Erkrankte.
   b) N ' beschreibt die Änderungsrate von N, also die Zu- bzw. Abnahmegeschwindigkeit der Erkranktenzahl.
   c) Die Erkranktenzahl stieg gleich zu Beginn (t = 0) am stärksten und fiel im Wendepunkt (t = 4) am stärksten.
   $N'(0) \approx 16000 \frac{\text{Erkrankte}}{\text{Woche}}$, $N'(4) \approx -2000 \frac{\text{Erkrankte}}{\text{Woche}}$

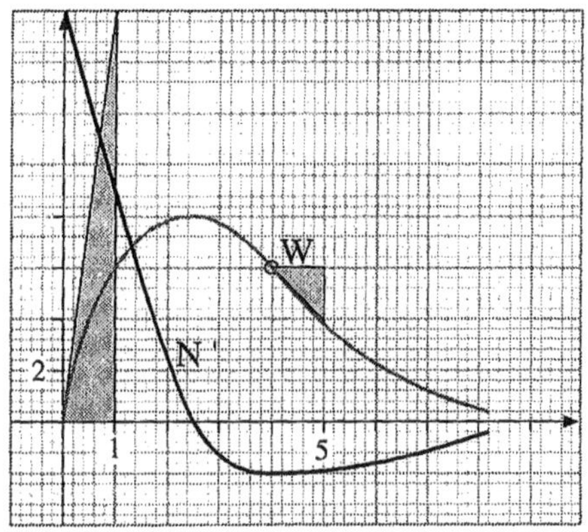

3. Die rechnerische Bestimmung der Ableitungsfunktion 306

1. a) $f'(x_0) = \lim\limits_{h\to 0} \frac{2(x_0+h)^2-2x_0^2}{h} = \lim\limits_{h\to 0} \frac{2x_0^2+4x_0h+2h^2-2x_0^2}{h} = \lim\limits_{h\to 0}(4x_0+2h) = 4x_0$, $f'(x) = 4x$
   b) $f'(x) = 1$ c) $f'(x) = 2$
   d) $f'(x_0) = \lim\limits_{h\to 0} \frac{5-5}{h} = \lim\limits_{h\to 0} \frac{0}{h} = \lim\limits_{h\to 0} 0 = 0$, $f'(x) = 0$
   e) $f'(x) = -2x$ f) $f'(x) = 2$ 307

2. a) $f'(x_0) = \lim\limits_{h\to 0} \frac{2(x_0+h)+1-2x_0-1}{h} = \lim\limits_{h\to 0} \frac{2h}{h} = \lim\limits_{h\to 0} 2 = 2$, $f'(x) = 2$
   b) $f'(x_0) = \lim\limits_{h\to 0} \frac{(x_0+h)^2-(x_0+h)-x_0^2+x_0}{h} = \lim\limits_{h\to 0} \frac{2x_0h+h^2-h}{h} = \lim\limits_{h\to 0}(2x_0+h-1) = 2x_0-1$
   $f'(x) = 2x-1$
   c) $f'(x) = 1-4x$
   d) $f'(x_0) = \lim\limits_{h\to 0} \frac{(x_0+h-1)^2-(x_0-1)^2}{h} = \lim\limits_{h\to 0} \frac{2x_0h+h^2-2h}{h} = \lim\limits_{h\to 0}(2x_0+h-2) = 2x_0-2$, $f'(x) = 2x-2$

3. $f'(x_0) = \lim\limits_{h\to 0} \frac{x_0^4+4x_0^3h+6x_0^2h^2+4x_0h^3+h^4-x_0^4}{h} = \lim\limits_{h\to 0}(4x_0^3+6x_0^2h+4x_0h^2+h^3 = 4x_0^3$, $f'(x) = 4x^3$

4. Elementare Ableitungsregeln

308 1. a) $f'(x) = 3x^2$ b) $f'(x) = 5x^4$ c) $f'(x) = 2nx^{2n-1}$
d) $f'(x) = 1$ e) $f'(x) = (n+4)x^{n+3}$ f) $f'(x) = 2009x^{2008}$

2. a) $(x+h)^5 = x^5 + 5x^4 \cdot h + h^2 \cdot p$

$$f'(x) = \lim_{h\to 0} \frac{f(x+h)-f(x)}{h} = \lim_{h\to 0} \frac{x^5+5x^4h+h^2p-x^5}{h} = \lim_{h\to 0}(5x^4 + h\cdot p) = 5x^4$$

b) $(x+h)^n = x^n + nx^{n-1} \cdot h + h^2 \cdot p$

$$f'(x) = \lim_{h\to 0} \frac{f(x+h)-f(x)}{h} = \lim_{h\to 0} \frac{x^n+nx^{n-1}h+h^2p-x^n}{h} = \lim_{h\to 0}(nx^{n-1} + h\cdot p) = nx^{n-1}$$

3. (1): richtig (2): falsch (3): falsch (4): richtig

309 4. a) $f'(x) = 3x^2 + 2x$ b) $f'(x) = -4x^3$ c) $f'(x) = 3x^2 + 5x^4 + 1$

310 5. a) $f'(x) = 2 + 3x^2$ b) $f'(x) = 5$ c) $f'(x) = 2ax$
d) $f'(x) = nax^{n-1}$ e) $f'(x) = 4x + 4$ f) $f'(x) = x$
g) $f'(x) = 6x^2 - 6x$ h) $f'(x) = 3ax^2 + b$

6. a) $f'(x) = x - 2$

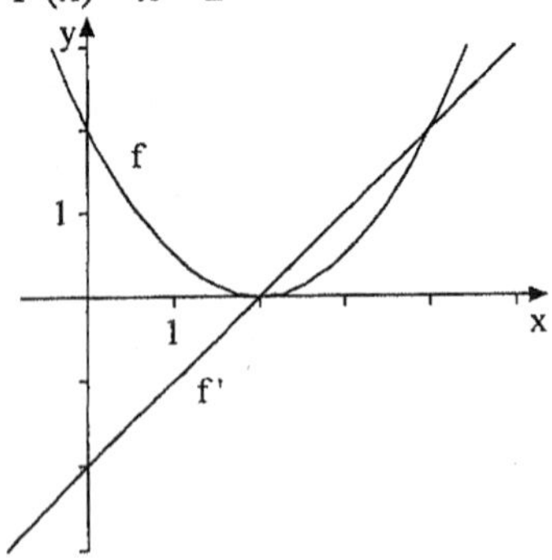

b) $f'(x) = -2x$

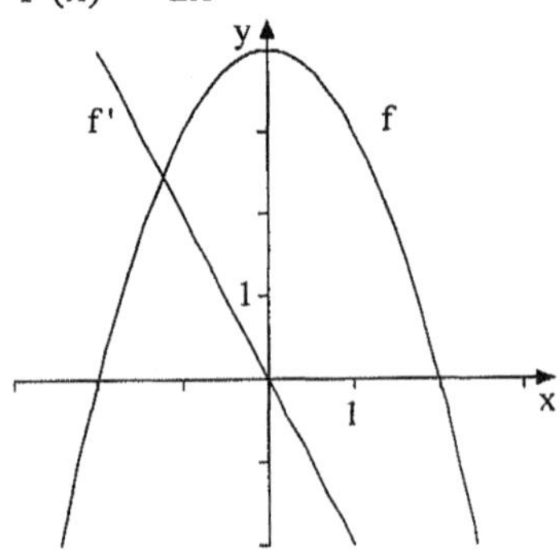

c) $f'(x) = 1{,}5x^2 - 2$

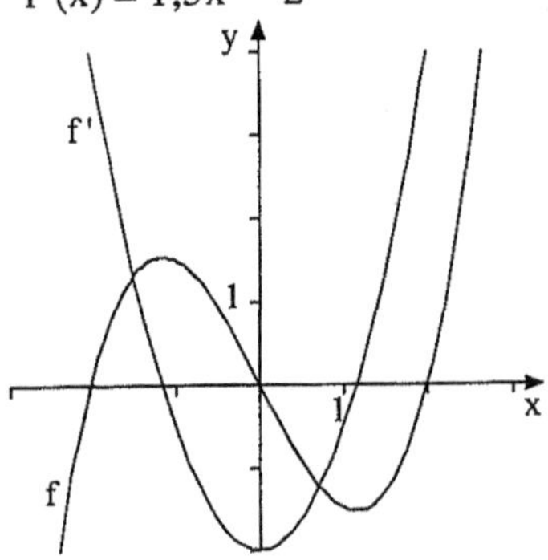

d) $f'(x) = 3 - x^2$

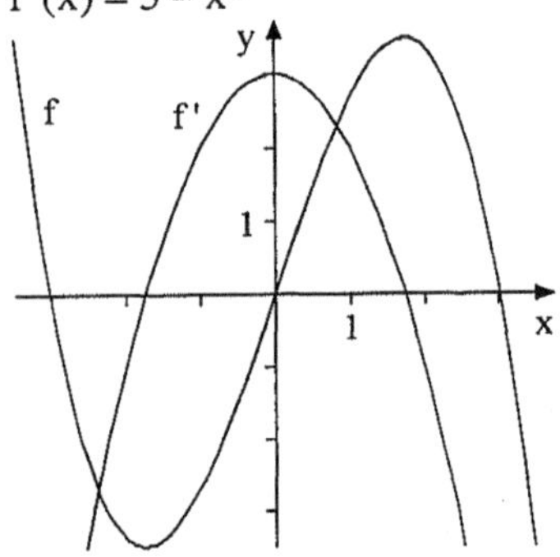

7. a) $f'(x) = -\frac{2}{x^2}$ b) $f'(x) = \frac{3}{x^2}$ c) $f'(x) = \frac{1}{\sqrt{x}}$ 312

d) $f'(x) = \frac{1}{4\sqrt{x}}$ e) $f'(x) = -\frac{2}{3} \cdot \frac{1}{x^2} + \frac{1}{4\sqrt{x}}$

8. a) $f'(x) = -\frac{2}{x^2} = -0{,}5 \Rightarrow x = \pm 2$ Druckfehler im Lehrbuch: m = -0,5

b) $f'(x) = \frac{1}{\sqrt{x}} = 0{,}5 \Rightarrow x = 4$

c) $f'(x) = 1 + \frac{1}{x^2} = 3 \Rightarrow x = \pm\sqrt{0{,}5}$ Druckfehler im Lehrbuch: m = 3

9. 313

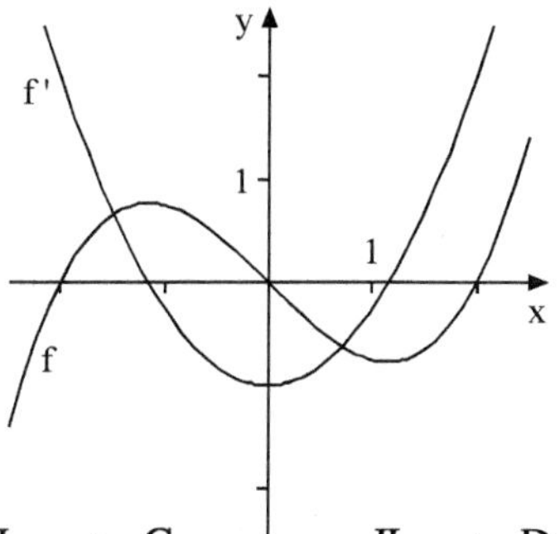

10. I $\rightarrow$ C II $\rightarrow$ D III $\rightarrow$ A IV $\rightarrow$ B

11. a) $f'(x) = \lim\limits_{h \to 0} \frac{\frac{1}{2}(x+h)^2 - \frac{1}{2}x^2}{h} = \lim\limits_{h \to 0} \frac{hx + \frac{1}{2}h^2}{h} = \lim\limits_{h \to 0}(x + \frac{1}{2}h) = x$

b) $f'(x) = \lim\limits_{h \to 0} \frac{2(x+h) - 1 - (2x-1)}{h} = \lim\limits_{h \to 0} \frac{2h}{h} = 2$

c) $f'(x) = \lim\limits_{h \to 0} \frac{(x+h) - (x+h)^2 - (x - x^2)}{h} = \lim\limits_{h \to 0} \frac{h - 2hx - h^2}{h} = 1 - 2x$

12. a) $f'(x) = x^3 - 4x$ b) $f'(x) = -6x$

c) $f(x) = 3x^2 - 12x + 12 + x$, $f'(x) = 6x - 11$ d) $f'(x) = 3ax^2 - 2bx + c$

e) $f'(x) = \frac{1}{\sqrt{x}}$ f) $f'(x) = \frac{-4}{x^2}$

13. a) $f'(x) = x$, $f'(2) = 2$ b) $f'(x) = -2$, $f'(3) = -2$ c) $f'(x) = 4x - 2$, $f'(0) = -2$

d) $f'(x) = \frac{1}{2\sqrt{x}}$, $f'(4) = \frac{1}{4}$ e) $f(x) = 2x + 4\sqrt{x} + 2$, $f'(x) = 2 + \frac{2}{\sqrt{x}}$, $f'(1) = 4$

f) $f'(x) = 1 - \frac{1}{x^2}$, $f'(1) = 0$

14. a)

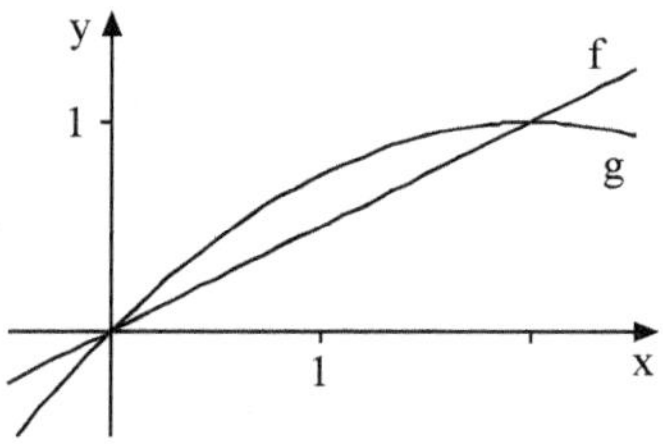

b) $f'(x) = 0{,}5$, $f'(1) = 0{,}5$
$g'(x) = -0{,}5x + 1$, $g'(1) = 0{,}5$

c) $m_f = 0{,}5$, $m_g = \frac{1-0}{2-0} = 0{,}5$

314 15. a) $f'(x) = x^3 - 6 = 2$, $x = 2$ b) $f'(x) = -0{,}5x^2 + 2x = -2{,}5$, $x = 5$ und $x = -1$

c) $f'(x) = -\frac{2}{x^2} - 1 = -3$, $x = \pm 1$ d) $f'(x) = \frac{3}{2\sqrt{x}} = 3$, $x = \frac{1}{4}$

16. a) $f'(x) = g'(x)$: $x = 2$ b) $x = \pm 1$ c) $x = \pm 3$
d) $x = 4$

17. a) $5' = 0$ b) $(x^{-1})' = -x^{-2}$ c) $(c^3)' = 0$

d) $(\sqrt{x})' = \frac{1}{2\sqrt{x}}$, $\left(\frac{1}{x}\right)' = -\frac{1}{x^2}$

18.

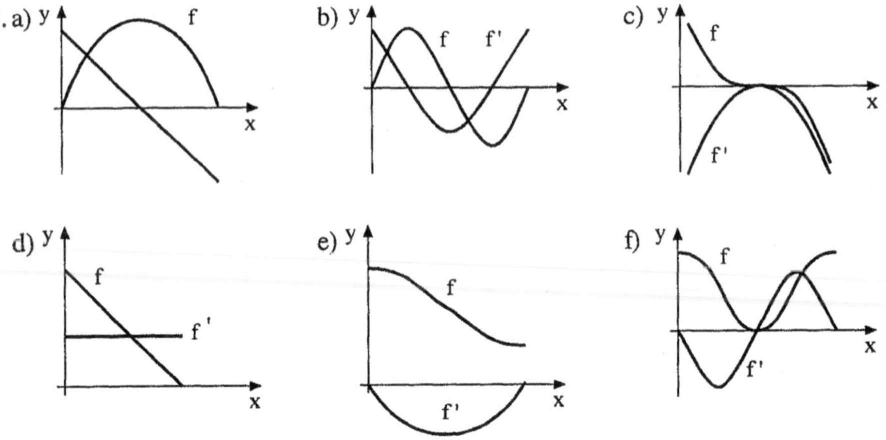

19. a) $f'(x) = x$, $x = 1$ b) $f'(x) = \frac{1}{2\sqrt{x}} = \tan 30° = \frac{1}{\sqrt{3}}$, $x = \frac{3}{4}$

c) $f'(x) = \frac{3}{\sqrt{x}} = \tan 60° = \sqrt{3}$, $x = 3$ d) $f'(x) = -\frac{3}{x^2} = -1$, $x = \pm\sqrt{3} \approx \pm 1{,}73$

5. Anwendung des Ableitungsbegriffs

1. a) $f(x) = 0$ für $x = 2$ und $x = 6$ b) $f'(x) = -x + 4$, $f'(2) = 2$, $\tan\alpha = 2$, $\alpha \approx 63{,}4°$ 316

2. a) $d = 2\sqrt{3} \approx 3{,}46$ LE 317
   b) $f'(x) = -3x^2 + 3$, $f'(x) = 0$ für $x = \pm 1$
   tiefste Stelle bei $x = -1$, $y = -2/5$; Berggipfel bei $x = 1$, $y = 2/5$

3. $f'(x) = 3 - x$, $f'(4) = -1$ 318
   Tangente durch P: $t(x) = -x + n$, $4 = -4 + n$, $n = 8$
   $t(x) = -x + 8$, $t(x) = 0$ für $x = 8$, $Q(8|0)$, $d(P;Q) = \sqrt{4^2 + 4^2} = \sqrt{32} \approx 5{,}66$
   Die Leiter ist 5,66 LE lang.

4. a) $f = g$ führt auf: $x^2 - 12x + 32 = 0$ mit den Lösungen $x = 8$ und $x = 4$ 319
   Ja, es kommt zur Kollision.
   b) Steigungswinkel von f bei $x = 4$: $f'(x) = 0{,}5x - 1$, $f'(4) = 1$, $\alpha = 45°$
   Steigungswinkel von g bei $x = 4$: $g'(x) = 2$, $\beta \approx 63{,}4°$; Kollisionswinkel: $\gamma = \beta - \alpha \approx 18{,}4°$

5. $f'(x) = 2x$, $f'(0) = 0$; $g'(x) = -3x^2$, $g'(0) = 0$ 320
   $f(0) = 1$, $g(0) = 1$ also Berührpunkt $B(0|1)$

6. Es muss $f'(x) = 1$ gelten, also $2x = 1$, $x = 0{,}5$
   Weiter muss $f(0{,}5) = 0{,}5$ gelten: $a + 0{,}25 = 0{,}5$ gilt für $a = 0{,}25$

7. Es gilt: I. $f(1) = g(1)$ sowie II. $f'(1) = g'(1)$, also I. $a + b = 1$ und II. $2a = -1$
   d.h. $a = -0{,}5$ und $b = 1{,}5$, also $f(x) = -0{,}5x^2 + 1{,}5$

8. b) $f'(x) = 3x^2 - 6x$ 321
   c) $f'(x_0) = 0$ bedeutet, dass f bei x_0 die Steigung 0 hat, d.h. eine waagerechte Tangente.
   a)

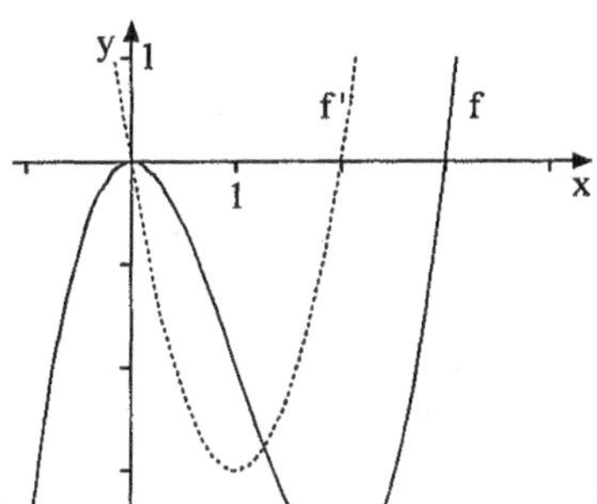

9. a)

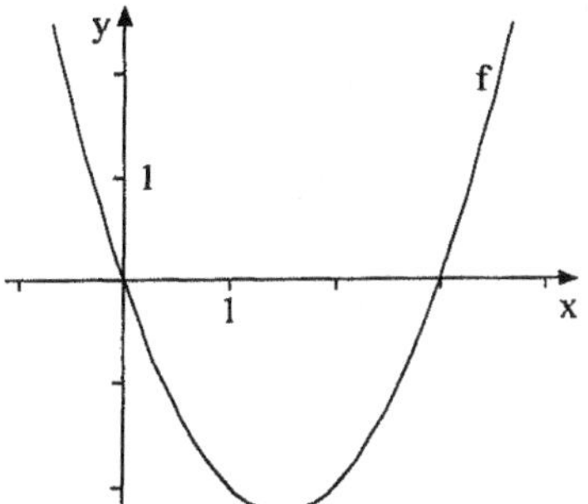

   b) $f'(x) = 2x - 3$, $f'(2) = 1$
   c) $\tan\alpha = 1$, $\alpha = 45°$
   d) $f'(0) = -3$, Steigungswinkel ca. 108,4°
   Steigungswinkel der y–Achse: 90°
   Schnittwinkel: 18,4°

321

10\. a) $f = g$: $x^2 - 7x + 10 = 0$ gilt für $x = 5$ und $x = 2$, $S_1(2|1)$ und $S_2(5|4)$

b) $f'(x) = -2x + 8$

S_1: $f'(2) = 4$, Steigungswinkel $\alpha \approx 76°$, $g'(2) = 1$, $\beta = 45°$, $\gamma \approx 31°$

S_2: $f'(5) = -2$, Steigungswinkel $\alpha \approx 116{,}6°$, $g'(2) = 1$, $\beta = 45°$, $\gamma = \alpha - \beta \approx 71{,}6°$

11\. a) $x \approx 4{,}83$, $x \approx -0{,}83$

b) $f'(x) = -x + 2$ $f'(x) = 0$ gilt für $x = 2$, $H(2|4)$

c) $f'(0) = 2$, Steigungswinkel von f: $\alpha \approx 63{,}4°$

Steigungswinkel der y–Achse: $\beta = 90°$

Schnittwinkel: $\gamma = \beta - \alpha \approx 26{,}6°$

d) Schnittpunkt von f und g: S(3|3,5)

Steigung von g: $m = \frac{7}{8}$, Ansatz für g: $g(x) = \frac{7}{8}x + n$, mit $0 = -\frac{7}{8} + n$ folgt $n = \frac{7}{8}$

$g(x) = \frac{7}{8}x + \frac{7}{8}$

Steigungswinkel von f: $f'(3) = -3$, $\alpha \approx 108{,}4°$

Steigungswinkel von g: $g'(3) = \frac{7}{8}$, $\beta \approx 41{,}2°$, Schnittwinkel: $\gamma = \alpha - \beta \approx 67{,}2°$

12\. b) S(1|1)

$f'(x) = \frac{1}{2\sqrt{x}}$, $g'(x) = -\frac{1}{x^2}$

Tangente an f: $f'(1) = 0{,}5$

$t_f(x) = 0{,}5x + n$, $1 = 0{,}5 + n$, $n = 0{,}5$

$t_f(x) = 0{,}5x + 0{,}5$

Tangente an g: $g'(1) = -1$

$t_g(x) = -x + n$, $1 = -1 + n$, $n = 2$

$t_g(x) = -x + 2$

c) Steigungswinkel von f bei x = 1:

$\tan\alpha = 0{,}5$, $\alpha \approx 26{,}6°$

Steigungswinkel von g bei x = 1:

$\tan\beta = -1$, $\beta = 135°$

Schnittwinkel: $\gamma = \beta - \alpha \approx 71{,}6°$

d) $f'(x) = 1$ gilt für $x = 0{,}25$

a)

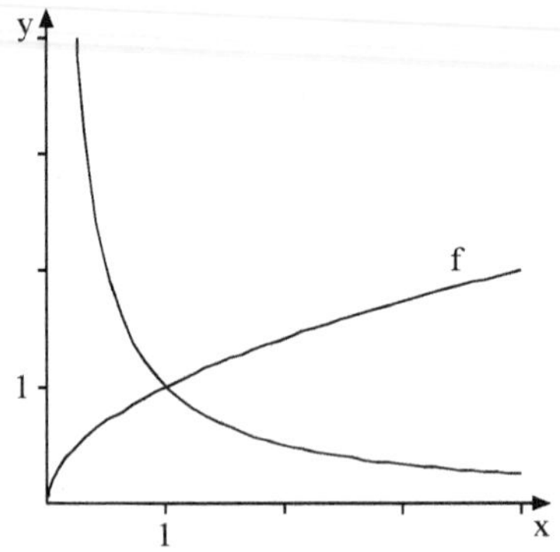

13\. b) $f'(x) = 1 - \frac{4}{x^2} = 0$ gilt für $x = 2$

T(2|4)

c) $f'(x) = 1 - \frac{4}{x^2} = 0{,}5$ gilt für $x = \sqrt{8} \approx 2{,}83$

d) Die Steigung ist für $x < 2$ negativ.
Ab $x = 2$ steigt die Steigung von $m = 0$ für $x > 2$ kontinuierlich und erreicht den Grenzwert $\lim_{x \to \infty} f'(x) = 1$, also den Grenzwinkel von 45°.

a)

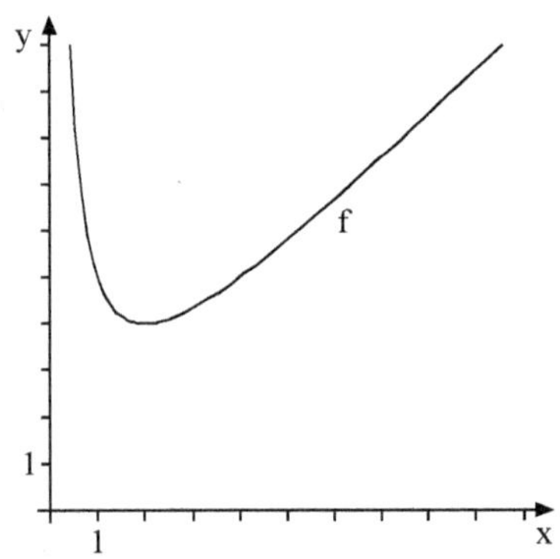

14. b) Es muss I. $f(x) = g(x)$ a) 321
und II. $f'(x) = g'(x)$ gelten.
also I. $x^2 = -x^2 + 4x - 2$
und II. $2x = -2x + 4$
Beide Gleichungen haben die Lösung $x = 1$.
Also berühren sich f und g im Punkt B(1|1).

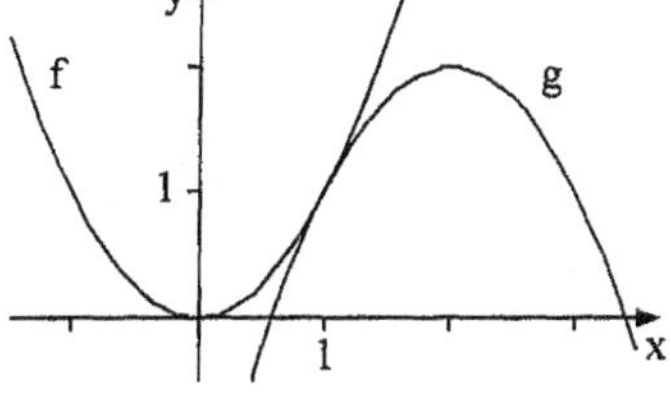

15. a) $f(x) = \frac{1}{800}x^2 - 200$ 322
b) $f'(x) = \frac{1}{400}x$, $f'(400) = 1$, d.h. $\alpha = 45° > 30°$, der Kraterrand kann nicht erreicht werden.
c) $\tan 5 \approx 0{,}0875$, $\frac{1}{400}x = 0{,}0875$, $x \approx 35$, der Durchmesser beträgt ca. 70 m.

16. a) $s = 0$: $x = \sqrt{8} \approx 2{,}83$; $s'(x) = -0{,}5x$, $s'(2{,}83) \approx 1{,}41$, $\tan\alpha = 1{,}41$, $\alpha \approx 54{,}7°$
Die Straße kreuzt die Bahn bei ca. 2,83 unter etwa 54,7°.
b) $s = f$: $0{,}5x2 = 2$ gilt für $x = 2$, $f(2) = 1$, Brücke bei B(2|1)
c) Nordosten: $\alpha = 45°$ bzw. $f'(x) = 1$ gilt für $x = 2$
Bei B(2|1) verläuft der Fluss genau in NO–Richtung.
d) PQ: $g(x) = x$, $g = s$: $x2 + 4x - 8 = 0$, $x = -2 \pm \sqrt{12} \approx 1{,}46$
Bei ca. 1,46 kreuzt der Kanal die Straße.

17. a) $g'(x) = \frac{a}{2\sqrt{x}}$, es muss gelten: I. $f(x) = g(x)$ $0{,}5x + 2 = a\sqrt{x}$
II. $f'(x) = g'(x)$ $0{,}5 = \frac{a}{2\sqrt{x}}$, $x = 4$, $a = 2$
Anschlusspunkt: B(4|4)
b) Nordosten: $\alpha = 45°$ bzw. $g'(x) = 1$, $x = 1$, in P(1|2) verläuft g genau in NO–Richtung.

18. a) Weg–Zeit–Funktion der Lawine: $s_W(t) = 30t - 180$ 323
Wenn $s(t) = s_W(t)$ gilt, hat die Lawine den Läufer eingeholt.
$1{,}5t^2 = 30t - 180$ führt auf $t^2 - 20t + 120 = 0$, $t = 10 \pm \sqrt{100 - 120}$.
Diese Gleichung hat keine Lösung, d.h. der Läufer entkommt.
Alternative Lösung: $s'(t) = 3t$ ist die Geschwindigkeit des Läufers.
Er erreicht die Lawinengeschwindigkeit 30 m/s also nach t = 10 s.
Die Lawine ist dann 300 – 180 = 120 m über seinen alten Standort hinweggefegt, wobei er selbt die Strecke von 150 m zurückgelegt hat, also sich noch 30 m vor der Lawine befindet. Da er nun schneller als die Lawine wird, kann er entkommen.

b) Aus a) wissen wir, dass er nach 10 s die Lawinengeschwindigkeit erreicht hat.

Die Lawine bewegt sich in 10 s um die Strecke 300 m.

Der Läufer bewegt sich um $s(10) = 1{,}5 \cdot 10^2 = 150$ m.

Die Lawine muss sich also mindestens 150 m oberhalb des Läufers befinden, damit dieser die Chance des Entkommens hat.

c) Die Lawine erreicht den Läufer, wenn zu einem Zeitpunkt t beide Wegstrecken gleich lang sind: $at^2 = 30t - 180$, $t^2 - \frac{30}{a}t + \frac{180}{a} = 0$, $t = \frac{15}{a} \pm \sqrt{\frac{225}{a^2} - \frac{180}{a}}$, $t = \frac{15}{a} \pm \sqrt{\frac{225-180a}{a^2}}$

Diese Gleichung ist nur lösbar, wenn $225-180a \geq$ gilt, also für $a \geq 1{,}25$.

323

19. $f'(x) = 2x - 2$; $g'(x) = 2a(x-4)$

I. $f(2) = g(2) = 2$: ist für f erfüllt, für g muss $4a + b = 2$, bzw. $b = 2 - 4a$ gelten.

II. $f'(2) = g'(2) = 2$: $g'(2) = -4a = 2$, führt auf $a = -0{,}5$ und mit I. auf $b = 4$.

Resultat: $g(x) = -0{,}5(x-4)^2 + 4$

gemeinsame Tangente: $t(x) = mx + n$, mit $m = f'(2) = g'(2) = 2$

Punktprobe: $t(2) = 2$: $2 = 4 + n$ führt auf $n = -2$

Resultat: $t(x) = 2x - 2$

20. a) Ansatz: $f(x) = a(x-x_s)^2 + y_s$

Ursprung in der linken Bodenverankerung, dann gilt $x_s = 85$ und $y_s = 69$.

Punktprobe mit P(0|0): $0 = a(0-85)^2 + 69$, also $a = -\frac{69}{85^2} \approx -0{,}01$

Resultat: $f(x) = -0{,}01(x-85)^2 + 69$

b) Steigungswinkel im Ursprung: $\tan\gamma = f'(0)$, $f'(x) = -0{,}02(x-85)$, $f'(0) = 1{,}7$, $\gamma \approx 60°$

Die Verankerung muss also im Ursprung um 30° im Urzeigersinn gedreht werden.

324

21. a) Ansatz: $f(x) = ax^2 + 18$

Punktprobe mit P(80|50): $50 = 80^2a + 18$ führt auf $a = \frac{32}{80^2} = \frac{1}{200}$, $f(x) = \frac{1}{200}x^2 + 18$

b) mittlere Steigung: $m = \frac{50-18}{80-0} = \frac{2}{5} = 0{,}4$

c) $f'(x) = \frac{1}{100}x$, $f'(80) = 0{,}8$, $\tan\gamma \approx 38{,}66°$

Resultat: Das Auto schafft es.

d) $f'(x) = \tan 25° \approx 0{,}47$ gilt für $x \approx 47$, die Grenzhöhe liegt bei ca. 47 m.

22. a) Im Punkt Q hat f' den Wert null: $f'(x) = \frac{1}{600}x + \frac{1}{6} = 0$ führt auf $x = -100$.
Mit $f(-100) = -8{,}33$ folgt Q(−100|−8,33).

b) Höhendifferenz: $h = f(120) + 8{,}33 = 32 + 8{,}33 = 40{,}33$ m

c) mittlere Steigung: $m = \frac{32+8{,}33}{120+100} = \frac{40{,}33}{220} \approx 0{,}183$

mittlerer Steigungswinkel: $\tan\gamma \approx 0{,}275$ führt auf $\gamma \approx 10{,}4°$
Der maximaler Steigungswinkel befindet sich im Punkt P.
Dort ist die Steigung mit $m = f'(120) \approx 0{,}37$ am steilsten. $\tan\alpha \approx 0{,}37$ führt auf $\alpha \approx 20{,}3°$.
Resultat: Der mittlere Steigungswinkel beträgt 10,4°, der maximale 20,3°.

Test

1. a) differenzierbar 328
   b) nicht differenzierbar (wg. Knick)
   c) nicht differenzierbar, da $x = 0$ nicht zur Definitionsmenge gehört

2. a) $\lim\limits_{h \to 0} \frac{\frac{3}{2}(1+h) - \frac{1}{2}(1+h)^2 - \frac{3}{2} + \frac{1}{2}}{h} = \lim\limits_{h \to 0} \frac{\frac{3}{2}h - h - \frac{1}{2}h^2}{h} = \lim\limits_{h \to 0}(\frac{3}{2} - 1 - \frac{1}{2}h) = \frac{1}{2}$

   b) $t(x) = \frac{1}{2}x + \frac{1}{2}$

3. a) $f'(x) = 6x^2 + 6x$ b) $f'(x) = 12x^3$ c) $f'(x) = (n-2)ax^{n-3}$

   d) $f'(x) = 1 + \frac{1}{\sqrt{x}}$ e) $f'(x) = -\frac{6}{x^4} + 3x^2$

   f) $f(x) = 4x^2 - 4x + 1$, $f'(x) = 8x - 4$

4. a) $0 = 10 - 5t^2$, $t = \sqrt{2} \approx 1{,}414$ s

   b) $v(t) = h'(t) = -10t$

   $v(\sqrt{2}) = 10 \cdot \sqrt{2} \approx 14{,}14 \, \frac{m}{s} \approx 51 \, \frac{km}{h}$

   c) $\frac{v(0) - v(\sqrt{2})}{\sqrt{2}} = \frac{10\sqrt{2}}{\sqrt{2}} = 10 \, \frac{m}{s}$

5. a) $f = g$: $4x - x^2 = x$, $x^2 - 3x = 0$ gilt für $x = 0$ und $x = 3$

   b) $f'(x) = 4 - 2x$, $f'(0) = 4$, $\alpha \approx 76°$

   $g'(x) = 1$, $\beta = 45°$

   Schnittwinkel $\gamma \approx 31°$

   c) $2x + 1 = 4x - x^2$

   $2 = 4 - 2x$, $x = 1$

   Berührpunkt: B(1|3)